光尘
LUXOPUS

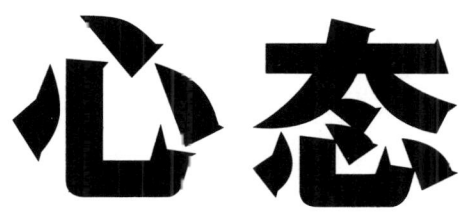

SUCCESS MINDSETS

［美］赖安·戈特弗雷森　著

李恩宁　译

国际文化出版公司
·北京·

图书在版编目（CIP）数据

心态 /（美）赖安·戈特弗雷森著；李恩宁译 . ——北京：
国际文化出版公司，2021.8（2025.8重印）
ISBN 978-7-5125-1335-8

Ⅰ. ①心… Ⅱ. ①赖… ②李… Ⅲ. ①成功心理－通俗读
物 Ⅳ. ①B848.4-49

中国版本图书馆CIP数据核字(2021)第150351号

北京市版权局著作权合同登记号 图字01-2021-3551号

Success Mindsets
Original English language edition published by Morgan James Publishing ©2020
by Ryan Gottfredson.
Copyright licensed by Waterside Productions, Inc., arranged with Andrew Nurnberg
Associates International Limited
Simplified Chinese characters-language edition copyright ©2021 by Beijing
Guangchen Culture Communication Co., Ltd
All rights reserved.

心态

作　　者	［美］赖安·戈特弗雷森
译　　者	李恩宁
责任编辑	戴　婕
出版发行	国际文化出版公司
经　　销	国文润华文化传媒（北京）有限责任公司
印　　刷	文畅阁印刷有限公司
开　　本	880毫米×1230毫米　　32开 9.75印张　　212千字
版　　次	2021年8月第1版 2025年8月第10次印刷
书　　号	ISBN 978-7-5125-1335-8
定　　价	59.00元

国际文化出版公司
北京市朝阳区东土城路乙9号　　邮编：100013
总编室： (010) 64270995　　传真： (010) 64270995
销售热线： (010) 64271187
传　真： (010) 64271187-800
E-mail： icpc@95777.sina.net

目 录

第一部分 何为心态

第 1 章 你是否认为自己拥有最佳思维模式? 　　003
第 2 章 心态是心理能量的过滤器　　019
第 3 章 强大的心态能开启更大的成功　　027
第 4 章 觉知当下的心态　　042

第二部分 成长型心态

第 5 章 固定型心态 / 成长型心态　　057
第 6 章 能力非天生　　067
第 7 章 迎接挑战，不懈努力　　080
第 8 章 如何培养成长型心态?　　106

第三部分 开放型心态

第 9 章 封闭型心态 / 开放型心态　　127
第 10 章 犯错不等于失败　　140
第 11 章 自信而谦卑　　152
第 12 章 如何培养开放型心态?　　168

第四部分　进取型心态

第 13 章　防御型心态 / 进取型心态　　　　　　　　　185
第 14 章　熟悉的不一定是最好的　　　　　　　　　　196
第 15 章　向着目标坚定前进　　　　　　　　　　　　208
第 16 章　如何培养进取型心态？　　　　　　　　　　221

第五部分　外向型心态

第 17 章　内向型心态 / 外向型心态　　　　　　　　　237
第 18 章　看世界的方式各不相同　　　　　　　　　　249
第 19 章　重视他人的价值　　　　　　　　　　　　　262
第 20 章　如何培养外向型心态？　　　　　　　　　　279

第六部分　总结

第 21 章　发掘痛苦的根源是取得成功的必要条件　　　297

附　录　心态评估测试题　　　　　　　　　　　　　　307

第一部分

何为心态

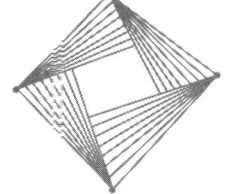

第 1 章

你是否认为自己拥有最佳思维模式？

> 灵魂一旦觉醒，你就会义无反顾地踏上探索之路。从此，你被一种超乎寻常的渴望点燃，不再自满于那些未曾圆满的成就。灵魂的不朽让人迫不及待。妥协或者危机，都不能阻止你力争至高无上的完满。
>
> ——约翰·奥多诺休

如果你能更深刻地理解自己，即更充分地认清自己的世界观，理解自己为何会形成和选择现在的价值观、人生信仰和目标，为何选择这样的生活方式，你会有何不同？你的生活、工作和领导力是否会比现在更进一步？

此书将引领你开启一趟自我觉醒之旅。你将探索自己心灵的最深处，尽管它还不尽完美（从我个人的经验来看），但是你将蓄势而发，突破自身的思维局限，进行一次翻天覆地的自我蜕变，从而攀上更高的成功阶梯,让自己的潜能得到充分的发挥。你是否准备好开始探索,迎接觉醒,重塑且重启自己的人生呢?

开启自我觉醒之旅

让我们先来问一个问题:你是否认为自己的想法是最好的?

我猜你的答案是肯定的。如果不是,那你很可能会改变你的想法。当你认为你的想法无人能敌时,你就是在给自己设限,阻止自己的人生更加成功、工作更加出色,无法让自己成为一个更高效的领导者。

作为一名领导力研究者和顾问,对此现象我已经司空见惯。我会定期观察一些领导者、管理者以及员工,经常看到他们做自认为无懈可击的事情。但是其中一些人的行为通常是有问题的,或者至少限制了他们自身的潜力,从而不能为自己、员工及其组织取得更大的成就。

这些糟糕的领导力数据可以证实我的观察结果:

- 44%的雇员认为,他们的现任管理者无法帮助他们更高效地工作。
- 60%的雇员认为,他们的管理者践踏了他们的自尊。
- 65%的雇员认为,比起加薪,他们宁愿换一个新的管理者。
- 82%的雇员坦言,他们不信任他们的管理者。

令人扼腕的现实说明，大多数雇员都没有在领导的管理下充分地发挥自己最卓越的能力。这并不是因为领导者们没有各司其职，也不是因为他们故作愚钝。而是因为他们的想法有失偏颇，行事有误，打了一手的烂牌却自以为表现不俗。他们就像一个冒险家，手握一只失灵的罗盘。尽管他们的初衷良好，工作上也尽心尽力，但是他们内心的罗盘让他们成了井底之蛙，错误的判断让他们偏离了最佳航线，最终的结果终究会不尽如人意。

不自知

艾伦是一家非营利性组织的总裁，这个组织旨在帮助弱势群体提高能力、提升事业。艾伦完全有资格担任该组织的领导者。他从业20余年，拥有组织管理心理学的博士学位。他在当地一所大学里教授领导力方面的课程，主要指导领导力和个人发展的培训。

像大多数人一样，我第一次遇见艾伦时，真的被他深深地吸引，不是因为他的显赫背景，而是因为他的自信和超凡脱俗的个人魅力。艾伦的长相和说话方式都像一个典型的高管。他有超强的表达力，可以高效且清晰地说出其组织的重要性和社会价值，鼓动其他人入股他的组织并支持他们的事业。他在任期间，他的这些优势让该组织每年收到的捐赠和总收入增长百分比都达到两位数，并且促他能够持续不断地吸引捐助者和从业人士为他的组织工作。

从外表看，这个组织运行出色，艾伦的领导也看似卓有成效。但是窥其内在，由于艾伦的领导和管理存在问题，一切都在分崩离析。他所有的员工都身心俱疲，无心工作，员工的流动性很大。

以下例子可以证明这个组织内外的差异。

有一次，艾伦把给重要客户的产品交付日期弄错了，客户因为没有按时收到东西焦急万分。艾伦却把责任推卸给他的员工。

又有一次，艾伦一时心血来潮，决定推广一个新的教练课程服务，自己随心定了价。听闻此事后，负责售卖该课程的员工泰勒对高昂的定价深表担忧。基于先前与客户就类似的课程产品交流的经验，她觉得这个价格的课程很难有市场。她也担心，如果他们真的按这个价格销售，在一个未经市场检验的课程服务上收取高额费用，将会让他们机构的社会声誉严重受损。在解决了一些棘手的问题后，她仍然担心这些课程对他们的客户来说做不到物有所值或者物超所值。艾伦迅速地表达了他的反对意见。他认为，他们投入的时间是值得收取高额费用的。似乎在他看来，与客户的利益相比，他更重视自己的价值。泰勒是一个为机构拼尽全力的人，她建议艾伦在即将召开的会议上，就课程价格事宜向机构的顾问委员会进行咨询。在这次会议上，委员会最终与泰勒达成了一致意见。然而，艾伦还是不肯就此罢休，不肯承认自己的失误，依然不愿将价格降至顾问委员会和泰勒共同建议的价格区间内。在第一轮教练课程结束后，所有参课人员都认为，尽管课程内容的确能够让人受益，但是课程价格太高了。这对艾伦的机构在市场上的口碑是一个打击。

由于了解到在艾伦机构里存在不和谐的声音，我想要帮他改善这个局面，于是询问了艾伦的一些员工在机构里的工作经历。他们众口一词，都认为艾伦是一个控制欲很强的管理者。他对员工的关注焦点都是在他们是否出现失误上，担心是否每一个字母 t 上都画上了横线，每一个字母 i 上都打上了点。这样的管理方式让艾伦无法意识到员工的付出和贡献，他也就不会对员工良好的工作成绩给予认可和称赞。事实上，在这些员工的记忆里，艾伦从未对他们说过"谢谢"。这让艾伦的机构里形成了一种文化，员工们更注重回避艾伦的关注，而不是试图让自己能够在工作中脱颖而出，成为机构里的优秀人物。

基思是机构里的新员工，他主要负责和艾伦一起统筹所有的培训研讨班。基思刚刚拿到教育指导设计专业的硕士学位。他在重新审查即将开设的研讨班材料时，发现还有两处有待改进：一处是，艾伦要用的材料都有些不合时宜，里面重点提到的研究数据都是来自 20 世纪 90 年代的；另一处是，艾伦的培训似乎主要是以讲课为基础。当基思提议用新的研究数据更新和升级研讨班的培训内容，并且使用多种方法激励学员全身心地投入学习时，艾伦否决了基思的想法。他认为自己已经从事这种培训 15 年之久，不想再费力地准备新的材料、劳神地学习一种新的培训方式。这让基思非常灰心丧气，感到自己之前在培训班课程设计中投入的辛勤劳动被低估和轻视了。

假如你也在这样的环境下工作，是否还愿意留在这里？

尽管艾伦知道员工的离职率很高，但他还是没有意识到他才是问题的核心所在。他坚信，他在尽职尽责地把工作做到最好。艾伦的自信让他想当然地认为自己是一个英雄，是他让整个机构得到了长足的进步和发展。

艾伦不愿意为员工的流失问题承担责任。他宁愿相信，问题的根源在于机构无力支付员工的高额工资。这让他无视那些离职员工的想法——他们离开机构的主要原因就是不堪忍受艾伦独断专行的领导方式。

艾伦不能反省自己的缺点，这让他无法成为一个优秀的领导者。如同所有不称职的领导者，艾伦也意识不到，他总是想当然地凭自己的直觉和愿望行事和决策。这样的行为方式看似毫无问题，但其实是会伤害他周围的人。艾伦自以为是个英雄，却看不到自己其实是个反派人物。

艾伦浑然不知自己身上所具有的反派式人物特点，外表慈眉善目，行事看似正确，回避自身问题，以及凡事的出发点都是专门利己、不顾他人。尤其表现在以下这些方面：

- 他会出卖他的员工来保全自己的形象。
- 他会压制他人的想法，试图让人认为他自己才是正确的。
- 他会通过操控局面来回避问题本身。
- 他会选择自己最驾轻就熟的方式行事，而不是对机构客户最好的方式。

就像一个反派人物，艾伦没有意识到他的潜意识正在塑造他的思考、观察和做事方式。他无法意识到，当他做出一个决定或者解决一个问题时，他就会不自觉地倾向于只看到和重视那个能满足自身愿望的选项。对此，艾伦感到理所当然。从他的角度看，他会想："谁愿意让自己看起来很糟糕，错误百出，问题不断，做对自己不利的事呢？"他无法看到自己潜意识中的自我保护所产生的负面影响和严重后果。

尽管艾伦为工作鞠躬尽瘁，但他还是成了我前面列举的糟糕的领导者中的一员。他作为一个管理者，既伤害了员工的自尊，又不能帮助员工提高工作效率，并且还破坏了员工对他的信任。如果问及员工对他的评价，我猜想他的员工想换一个新的管理者的愿望更胜于得到更加丰厚的收入。

正如艾伦那样，如果我们不能唤醒自己内心最根本的渴望，并且认为我们的思维是最好的，那么我们就是在干扰自己的行事效果，限制自己在人生各领域取得成功。

我历经艰难才懂得

我的痛苦经历教我明白了上述道理。

我喜欢跑步，将其作为我日常的一个锻炼方式。跑步可以让我提升力量，燃烧热量，拥抱自然。我从小就打篮球和踢足球，而且从高中开始就养成了每天跑步的习惯。直到几年前，跑步几乎要成为我终生坚持的习惯，让我以为自己就是一个出色的跑步专家。假如你问我，是否想要参加跑步班来提升我的跑步姿势，我肯定会嗤之以鼻。

我认为我的思维所向披靡。我认为我很清楚自己"优秀的"跑步方式。

然而，后来我在打篮球的时候伤到了膝盖，也因此不能继续坚持每日的跑步计划。这个膝盖伤得很有意思，因为我只有在跑步或上楼的时候才会感到些许伤痛，感觉膝盖后面有一种扎心的刺痛感，而在其他情况下，我竟然毫无感觉。

我去看医生，想确认我的膝盖是否受到任何结构性损伤。结果也正如我所料，我的膝盖本身一切完好，但是我拉伤了膝盖后面的一块肌肉，修复还需要一些时间。因此我停跑了两个月。由于太想重拾旧爱，于是我开始一周跑一次。尽管我的膝盖有些好转，但是跑步时膝盖仍然会隐隐作痛。

那一刻，我极度渴望膝盖痊愈，这样我就能重启我的跑步生涯。我开始接受理疗，在家做一些拉伸训练。尽管这些能缓解我在上楼时的疼痛，但是跑步时的痛感依然存在。

我准备买一双新的跑步鞋，于是我来到一家运动鞋店，那里有些新款鞋子比较适合我。当我结账时，销售人员询问我是否愿意报名参加一个几天后开始的跑步训练班，学习正确的跑步姿势，提升跑步技能。

最初，我有点儿抵触："你是不是在开玩笑？我是一个经验丰富的专业跑者。我对于跑步方面的知识无所不知。"但是因为我极希望治愈我的膝盖，于是脑海里又跳出了一个念头："或许是我的跑步姿势有问题,才导致膝盖的疼痛,也许我在训练时有些疏漏的地方?"

所以我做了几个月前嗤之以鼻的事情:我报名参加了跑步训练班。教练教授了我保持好的跑步身形的 4 个原则:

- 抬头挺胸,并放松。
- 先用双足的中部接触地面。
- 保持每分钟 180 步的节奏。
- 跑步时身体微微前倾。

我之前跑步时,其中 3 个原则都没有做到。

掌握并实践了这 4 个跑步原则后,我的膝盖疼痛迅速消散。然后我立即恢复了每日的跑步锻炼。不仅如此,通过改变跑步姿势,我现在跑步的效率也得到了提升。与之前相比,我可以跑得更长。事实上,我最近已经开始跑半程马拉松,而这在之前是我不敢想象的。

回顾过去,我显然并没有如我原以为的那么明智。我以为自己的跑步方式是最佳的,而这样的假设差点儿阻止我过上自己期望的生活。

这次经历,让我开始怀疑自己:"因为我的自以为是,还有什么事情是我还没有意识到或者错失的呢?"

我希望,你们也能如我一样对自己提出质疑。

尽管你会十分不情愿地看到或承认这一点,但是阻碍你在生活、工作和领导力上获取更大成功的,就是你自己——尤其是你自以为聪明绝顶。然而,现实就是,如果你想让自己从现在开始变得更加成功,你必须用一种异于常人、全新且更好的方式思考和审视世界。你必须更彻底地唤醒自我。

让我们一起实践，思索如何应对或驾驭以下4种不同的情境。你或许可以从中找到自我。

何为即刻想法？

想一想你身处如下4种情境时，你的第一反应和应对措施是什么。

- 情境1：面对一个令你生畏的挑战，有失败的可能。
- 情境2：有人（比如你的下属、一个小孩、一个顾客）反对你的观点。
- 情境3：面对两难选择时，你对其中一个选择十分有把握，但回报很少，而对另一个选择把握不大，但会有相当高的回报。
- 情境4：在街角见到一个无家可归的人。

你很可能认为，你会以最好的方式应对上述情境。诚然，如果你认为你有更好的方式，你也会照做。

但是人们会以不同的视角和思维方式来处理这些情境，而且都会认为自己的做法是正确的。

让我们来研究一下人们不同的应对方式，从而展示出他们的所谓

"最佳"思维方式是如何成为他们成功路上的绊脚石的。

先看情境1。在面对挑战和可能的失败时，你是想要回避它们，还是将其视为你学习和成长的机会呢？

在最近的新学期开始之初，我试图在上课前认识一些班里的新学生。我向辛西娅介绍了我自己，她比普通大学生要年长些。由于她是一个偏成熟的学生，我认为她应该是个有故事的人。当我询问她的职业时，她的眼里闪烁着光芒。从她口中我得知，她在茫然挣扎了多年之后，刚刚开始创业，从事私人健康教练的工作。她谈到她对健康和个人健身职业的热爱，并且充满信心地自我鼓舞，在她看来，这条职业道路对她来说是最好的选择。

大约一个月后，我在课前询问了她的工作近况。她略带沮丧地说："不是太顺利，但是这不是我的问题。"

我问道："从何谈起？你看起来很笃定这是最适合你的职业道路。"

"这比我想象得艰难，事情进展得不是很顺利。"

她解释道，她很难找到新客户，因此她正在思考再次调整她的职业路径。我尝试鼓励她，提示她这才1个月，她应该再多做些时间，继续试着了解到底是哪里出了问题，但是她似乎已经打定主意，就此放弃了。

这个创业者认为，她所遭遇的挑战就是在暗示她，这种冒险的事情不是最好的职业选择，于是立刻就此罢手。然而，她也可以把那些挑战看成是提醒她调整经营策略的信号，并且坚定一个信念：成功只会眷顾那些持之以恒、竭尽全力，并能够战胜挑战的人。

接下来看情境 2。当有人反对你时，你是视其为一种威胁，然后开始防御，还是视其为一种机会，可以提升你的思维和学习水平呢？

你是否曾经为那些喜欢掌控全局，并自以为是的领导工作过？在上述情况下，领导是如何回应他们听到的反对声或者要求变革、改进的建议呢？像艾伦这样的领导会将那些不中听的建议视为对个人地位的威胁，并且做出反击。然而，还有一些领导者的做法截然相反。比如瑞·达利欧（Ray Dalio），他是桥水基金公司（曾经最大、最成功的对冲基金公司）的创始人和前任总裁。他在遇到属下反对时的态度是"如果你能……经过深思熟虑，将你的异议付诸实践，那么你将能极大地提升你的学习能力"。

再看情境 3。什么是风险？你认为风险是需要回避的事吗？或者说，你是否将风险看成是你走向成功必经的荆棘之路？

在成年以后的大部分日子里，我一直坚信，只要我不失败，我就能成功，我一直身体力行，这让我能够做到积极地规避风险。在没有负债的情况下，我获得了本科和博士学位。我从没期望自己能够创业，因为创业就意味着要冒险。

但是，就在我即将 34 岁时，我意识到，按照我对人生的设想，我还有很多想做却未做的事情，就因为我厌恶冒险，这样的念头其实阻碍了我实现我的人生和职业目标。当我醒悟之后，我贷款创业，开始了我的咨询生涯。我明白，如果我将人生定位在"去赢得"而不是"不失败"上，那么我就会更加成功。在这短短的两年中，我已经与多家全球知名企业有过合作。

最后看情境 4。当你在街角看到一个流浪者在寻求帮助的时候，你会有什么想法？你是否会认为那个人应该花点儿时间找个工作，而不是乞讨？还是你认为他已经尽力了呢？

假如你认为那个流浪者该找个工作，那么你可能是对流浪者有很多苛责和消极想法，并不愿意施以援手。但若你认为他们已经尽力了，你就会好奇，在他们的生命中到底发生过怎样的事情，让他们只能在街角乞讨为生，并认定这才是他们最好的生存方式。以后者的方式看待这些人，会让你更具同理心，而且你会更愿给予他们力所能及的帮助。

视角不同，行为不同

下表中呈现的两种人，对 4 种情境有截然不同的反应。谁会在生活中更加成功呢？谁又能成为一个更好的员工呢？谁会成为一个更优秀的领导呢？是 A 型人还是 B 型人？

想一想，你会更愿意与谁一起生活和共事，更愿与谁为伍呢？

答案显然是 B 型人。B 型人在生活、工作和领导力方面都会更成功，因为他们更愿意接受挑战，更乐意学习、制定和完成目标，以及能更有效地与人交流。既然你在读此书，我能想象你会是那个愿意与 B 型人一起生活共事的人。

4 种生活情境	A 型人	B 型人
挑战和失败	需要避免	是学习和成长的机会
反对意见	一种威胁	是需要向其学习的
风险	需要躲避	是可以获得回报的
其他人	没有尽力做事	已经尽其所能

艾伦是一个 A 型人。他虽然在努力做事，但是一直在逃避挑战和失败，视逆耳之言为一种威胁，总是规避风险，认为他的员工都没有恪尽职守。这些消极的思想不仅没能让他看起来形象积极，行事正确，远离失败，为自己获取最大的利益，反而直接导致员工对工作环境极为不满和失望，以至于想要离职。

这个例子说明了一个简单而深刻的道理：我们如何看待周遭的一切，决定了我们在生活、工作和领导力上能取得多大的成功。如果我们能够醒悟，用最积极的方式看待世界，那么我们将能做出更明智的决定，获得更快的成长，并且会大大提高做事的效率。

但是这种自我完善和成长的策略在生活中被普遍低估和轻视了。许多指导个人成长和自我完善的人生哲学，只着眼于评估和改进个人的行为。但是上述被忽视的视角表明，通过认识和改变驱动行为的内因，即我们看待和诠释这个世界的方式，我们能更有效地发展和完善自我。

你是如何诠释上述每一个生活情境的？你的方式更像 A 型还是

B 型呢？

基于我对 5000 多人进行的研究，我发现只有 5% 的人自始至终会像 B 型人一样看待上述 4 种情境。因此，即使你可能认为，你在用尽可能好的方式掌控和驾驭自己的人生，但是你也可能会有更好的方式来看待和诠释这个世界。也就是说，你的思维方式不一定总是最佳的。

自我意识与强化

研究表明，人类 90% 的行为，包括思考、感受、判断和行动，都是无意识的、自发的行为过程。此外，自我意识研究者塔莎·欧里希（Tasha Eurich）在她的 TEDx 演讲中阐释道，95% 的人都认为有自我意识，但在现实中，只有 10%～15% 的人能确切地感受到自我意识的存在。她还说："（这）意味着，正如只要你觉得今天是个好日子，那不管今天天气多糟糕你都会说今天是个好日子，80% 的人即使对自己撒过谎，也会蒙骗自己并没有说谎。"

这些数据说明，大部分人不能完全清楚自己是谁、自己的真实渴望，不了解某些行为发生的原因，以及我们是如何看待和诠释世界的。举个例子，在你读了上述人们对 4 种生活情境的不同反应之前，你是否认真思考过如何处理这些事情以及如何更有效地处理？

关键在于，如果我们能够更清楚地认识自我以及我们无意识行为背后的驱动力，我们就能更好地意识到限制我们成功的信念和阻碍我们成功的不良欲望。相应的，我们就能从根本上改变和提升我们的信念和原始欲望。

这种自我完善的方式被称作自我意识运动，或意识革命。

本书将深入地探讨我们如何看待和诠释周遭的世界。我将带领你们进行一次前所未有的内省之旅。此书旨在给你们提供一个指导框架，帮助你们比以往更深入地探究自己的内在。我们将窥探你的本质，你无意识行为背后的内在机制及其运作方式。假如你能意识到并改进这些机制的运作方式，你将能够重新捕获你自身大部分的意识活动，提升你对自身无意识活动的驾驭力，从而促使你在生活、工作和领导力方面取得更大的成功。

让我们开启觉醒之旅吧！

第 2 章

心态是心理能量的过滤器

  解决问题的方法永远都在问题之外。知道了这一点，你就能避开很多人会陷入的困境。那么问题本身存在什么问题呢？总是重复思考是没有出路的，老旧的模式只不过是在重蹈覆辙，大量的强迫性思考无异于故步自封……我还可以继续列举下去。但是你要能认识到，你的意识是多层次的，更深的意识层面里潜藏着你未被开发的创造力和洞察力。

—— 狄巴克·乔布拉

  你是否曾戴过不同颜色的太阳镜？或许你试过先戴红色眼镜几秒，然后迅速换成黄色的，当你更换眼镜颜色的时候，你是否注意到周围世界的变化？戴红色镜片时，某些事物会吸引你的注意，尤其黄色物体。但是当你戴上黄色镜片时，之前吸引你的物体就不再会引起你的注意。反之，崭新的事物（尤其任何白色物体）会更加显眼。

让我们再深入地探究一下。如果你戴黄色镜片很长时间（因为你误以为它们看起来很酷），会发生什么事情呢？首先，你的大脑将会调整你看世界的方式。其次，你可能不再意识到你正戴着黄色镜片的眼镜。最后，你将忘记你正以不同于他人的视角看着这个世界。

你是否知道你正在戴着一副特殊的思想镜片，它们在改变你看世界的方式呢？这些思想的镜片就是你的心态。就像有色镜片那样，它们在主导你关注的事物，从而支配你如何诠释这个世界、如何处理收到的信息、如何做出决策、如何学习和感受这个世界，以及如何与这个世界交流，甚至你的身体会如何去回应这个世界。说得再专业一点儿，你的心态就是这些思想镜片，通过它们，你会有选择地组织和解析收到的信息，更明晰地理解自己的经历，做出相应的行动和回应。

因为你的思想无时无刻不在转动，所以你大多数情况下无法意识到自己在想什么以及这些想法会如何对你的生活、工作和领导力方面产生影响。诚然，这些心理活动正引导你的生活，驱动你90%的无意识行为，让你进行思考、学习和有所行动。

人们面对相同的情境，之所以会有不同的认知，就是因为心态不同。心态是导致下述不同态度的主要原因：（1）有些人会要选择逃避挑战和失败，有些人则视其为学习和成长的契机；（2）有些人认为他人的反对声是一种威胁，有些人则认为这是提升思想的契机；（3）有些人要规避风险，而有些人认为风险是成功的必经之路；（4）有些人会将与自己相关的人视为物体，有些人则将与自己相关的人视为人。正是你的心态让你相信，你的思维是最佳的。

为了证明心态在人们生活中起到的基础且无意识的作用,研究者加文·基尔达夫(Gavin Kilduff)和亚当·格林斯基(Adam Galinsky)做了三组人员的对比实验。第一组成员被要求写下关于他们目标和期望的两段话,激发他们以目标为导向的心态。第二组成员被要求写下他们的责任和义务,激发他们谨慎行事的心态。第三组是一个对照组,他们什么都不用写。然后,他们把参与实验的人员又分成每三人一个小队,每个小队里的成员分别来自三个不同的实验小组。他们安排这些小队完成任务,关注他们在小队讨论时的积极主动性,以及每个人如何评价其他成员在小队里的影响力。研究者发现,那些有目标导向心态的人,在小组讨论时显得更为积极主动,也更受其他成员的欢迎。

这难道不令人难以置信吗?一个只不过写了两段话的小任务,却不知不觉地改变了参与者的心态,引发连锁反应。他们能够灵活地与其他小组成员交流,被同伴另眼相看。

你的心态塑造了你生活的方方面面,而你几乎无所觉察。在阅读这本书之前,你可能从未想过心态在人生中的关键作用,也从未质疑过自己的心态或寻求改善。在你以往的人生中,你可能坚信自己看待世界的方式就是最好的,自己思考的方式也是最好的。这就造成了两种不同的结果。其一,糟糕的是,因为你对自己的心态不自知,不能意识到自己的心态是可以被提升的,那么你在生活中就一直无法发现你的潜能。其二,令人欣慰的是,你要是能够意识到自己的心态,并且更了解如何提升自己的心态,就能有更大的能量让自己的生活发生翻天覆地的变化。

心态的基本作用

为了演示心态在我们生活中的基本作用,请参照下图。由于我们的心态塑造了我们看待和诠释周遭世界的方式,决定了我们是谁、我们是如何生活的(最下面层级1),我们的心态也决定了我们看待世界的方式,驱使我们进行思考、学习和行动(中间层级2),于是我们的思维、学习和行动又会决定我们在生活、工作和领导力方面取得的成功(最上面层级3)。这些最终都基于我们的心态。

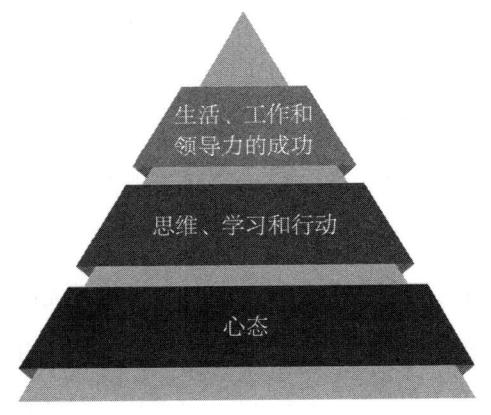

我们可以用不同的方式运用这个知识。其一,这个结论有助于我们理解一点,如果我们的心态得以提升,就能提高我们的思维、学习和行动力,从而使我们的生活、工作和领导力获得成功。其二,借用狄巴克·乔布拉(Deepak Chopra)在本章里的那段话:"解决问题的方法永远都在问题之外。"因此,这个金字塔图形说明,如果你当下的思想、学习和行动力没有触发我们想要的成功,那么我们就有必要改变"固有的"思想,不再一味地提升思维、学习和行动力,而是重新提升心态那一层级。

心态的影响力

研究心理学、管理、教育和市场的学者对心态做了长达 30 多年的研究。纵观这些研究,学者已反复确认上述的金字塔原理。让我们接下来再通过其他一些令人振奋的研究说明这一点。

在一个研究项目中,心态研究的先锋者卡罗尔·迪纳(Carol Diener)和卡罗尔·德韦克(Carol Dweck)调查了心态如何影响人们对失败的反应。参与研究的人员接受了一个心态评估,将他们分成心态消极的一组(他们认为成败取决于能力,而不是付出的努力)和心态积极的一组(他们认为是付出的努力决定了成败,而不是个人能力)。然后,他们让这些研究对象进行一项练习,让他们经历从成功到失败的过程。特别的是,他们为研究对象设计了一次考试,让他们能做对前 8 道题、做不对后 4 道题。在他们接受考试时,研究者们会关注他们的行为(比如他们是否会坚持合理的解决问题的策略),以及让他们描述各自的想法。

在所有研究对象都完成了考试后,他们对比了心态消极组和心态积极组人员的成绩,结果令人侧目。

一方面,拥有消极心态的学生在开始做题时表现得很强劲。在他们答对前 8 道题时,他们对自己的表现颇为满意,且对自己的能力信心满满。但是，当他们遭遇那 4 道难解之题而无法正确回答时，他们就会迅速地贬低自己，开始陷入强烈的消极情绪，认为自己是个不折不扣的失败者，并且说道"我不是很聪明"或者"我的记忆从来都不好"。除此之外，他们还会轻易放弃原有解决问题的策略（比如只是选择棕色答案，因为他们喜欢巧克力）。为了弥补他们的失败，有些人会选择谈论他们人生中其他方面的成功经验（比如在一出剧目里担当主角）而不是关注眼前的挑战。

在测试结束后，这些学生被问及一系列的问题。实验结果发现，1/3 的人不再相信他们可以做出他们答对的前 8 道题。当被问道他们分别答对和答错多少题时，他们的回答平均下来，5 道题正确、6 道题错误。他们会弱化成功的部分而夸大他们的失败。

另一方面，拥有积极心态的学生则不会考虑他们是否会答错。他们不仅不会轻言放弃，而且会更乐于深入问题核心，保持自信和乐观的态度说："我正希望这个问题能让我增长见识""题目越难，我越要努力""错误是我们的良师益友"。不仅不放弃，他们还会继续使用或提升自己解决问题的策略，有些人甚至能够解出更难的题目。在这次测试后，当这些学生被问及正确率时，他们会更为精准地说出，他们做对了 8 道题、做错了 4 道题。

假如我们并不知道这两个实验组只是在心态上有所差异，我们或许以为他们是来自不同的星球，因为他们在同一个任务上表现出来的差异如此之大。这一项研究显示，我们的心态塑造了影响我们生活以及成就高低的三个基本方面：我们的思维、学习力和行为方式。那些具有消极心态的人，对自己的评价会比较消极，有失偏颇。他们不愿再施展自己的本领，切断进一步学习的可能。其实就是放弃或者停止前行。而那些拥有积极心态的人会更准确地评估自己的表现，认为挑战就是一次学习的契机，然后继续发挥自己的才能。基于这些研究结果，哪一组实验对象的生活会更加成功，结论已经十分明显。

几十年来，类似的研究结论一直都在被重复。

在另一个引人注目的研究中，包括阿丽娅·克拉姆（Alia Crum）、彼得·沙洛维（Peter Salovey）和肖恩·埃科尔（Shawn Achor）在内的研究者给一个金融组织的员工按照不同的分组，分别观看一个3分钟的短视频。一组员工看到的视频是关于压力如何伤害我们的健康、幸福和行为表现；另一组员工看到的视频是关于压力如何提升我们的健康、幸福和行为表现。两个视频都给出了相应的研究证据，旨在把员工分成认为压力有害和压力有益的两个不同心态对照组。在接下来的两周里，研究者跟踪观察员工的健康状况（比如血压）、工作投入程度，以及他们的行为表现。

不可思议的是，研究者发现，短视频不仅改变了员工对压力的看法，而且认为压力有益的员工与认为压力有害的员工相比，他们的血压普遍较低，工作相当投入，以及有更活跃的行为表现。研究者还发现，我们的心态会潜移默化地塑造我们在环境中的思考、反应和行为方式。不仅如此，这项研究甚至说明，我们心态的作用如此强大，以至于能够改变我们的生理机能和对环境的反应状态。还有其他一些研究项目也同样证实了这一点。

心理能量的过滤器

我们的大脑每分每秒都在被成百上千条信息轰炸。你的思维只会过滤出对你重要的信息，只有那些被不断过滤和处理过的信息才能有助于发展你的思考力、学习力和行为力，所以你的心态就是你的心理能量的过滤器。

当人们面对失败或者成功时，其心态会根据当下的情境做出回应，接受其认为对的信息，比如失败或者压力是消极的还是积极的，然后再以此进行思考、学习和行动。

你的心态就是一些看不见、摸不着的无形船舵，正在无意识地把控你的人生方向。你只有了解和感知到你的无意识活动，才能更好地意识到并更有力地操控你的人生航船驶向更美好的港湾。

第 3 章

强大的心态能开启更大的成功

> 危机于蠢蠢欲动之时甚于其肆意爆发之日。
>
> —— 阿奈丝·宁

当你忽视自己的心态时,你就是在限制自己掌控人生的能力。从表层看,无视自己的心态限制了你的自我意识,使你无法客观地看待自己以及审视自己的本能渴望、行为动机和倾向,而正是它们决定了你如何思考、如何行动。

从更深的层面讲,看一下你在当下的生活、工作或是领导力中,哪一个方面还没有做到如你所期待的成功。现在问自己:"我在这个方面为何不能更加成功呢?"

你是否将你的问题归咎于外界,比如没有足够的财富、时间或者资源呢?你是否错误地归因于你的内在,比如你的智商、能力或者是你的个性呢?抑或你是否认定你至今一无所成的根源是你不具备最理想的心态呢?

当我们还没有把成功未遂的主要原因归结于心态时，我们通常会进行错误的归因，要么认为是外在因素（比如没有足够的金钱、时间或资源），要么认为是内在因素（比如智商、能力或个性问题）。造成这种误判至少有两个原因。

其一，把问题归结于这些因素只是在找借口，而不是在寻找解决方案。因为我们通常不能控制这些因素，至少不会像控制我们的心态那样容易。由于这些因素大都是我们不可控的，我们以此作为选择放弃的借口，接受自己的命运，永远活在对自己潜能不自知的生活中。我们并没有认识到，一些外在条件既不优越、能力也不优秀的人，已经获得了我们想追求的成功。

其二，即使我们能够影响并改变这些因素，并且专注于此而忽视了心态，那就意味着我们的心态可能永远地停留在原地，继续阻碍我们提升思维、学习力和行动力，从而使得成功离我们依然很远。

从根本上说，如果我们对自己的心态一直很盲目，我们就是在阻止自己成功的脚步。但是如果我们能够觉悟到自己的心态，一个无限可能的世界就被我们打开了。

我可以给你们做个大胆的承诺。如果你读完此书，并实践了书里的理论，你的生活将有所改变。你将会用新的视角看待这个世界。你的自我意识将会变得相当强大。你能够精准且有效地辨别出那些影响自己发挥潜能的绊脚石，你将会在生活、工作和领导力方面取得更大的成功。

下面两幅图展示了这本书将会如何帮助你更好地掌控生活以及

获得更大的成功。第一幅图说明了，如果我们对自己的心态不自知，且在完善自我的过程中忽略了它的存在，那么我们提升生活、工作和领导力的主要方式就是专注于拼命地拖拽着我们的思维、学习力和行动力前行，但是举步维艰。我们会问自己："我需要学些或者做些什么不一样的事情，才能让自己变得成功呢？"当我们以此为努力目标时，我们就不可能认识到，正是我们这种普遍存在的基本心态对我们在这个金字塔最高两层所做的努力形成了反作用力。这将无益于我们迈向成功。长此以往，尤其当压力显现时，我们的思维、学习力和行动力将被打回原形，需要重新回到心态这个层级再做调整。

目前状态　　　　　　　　　　　　　　　　未来改进状态

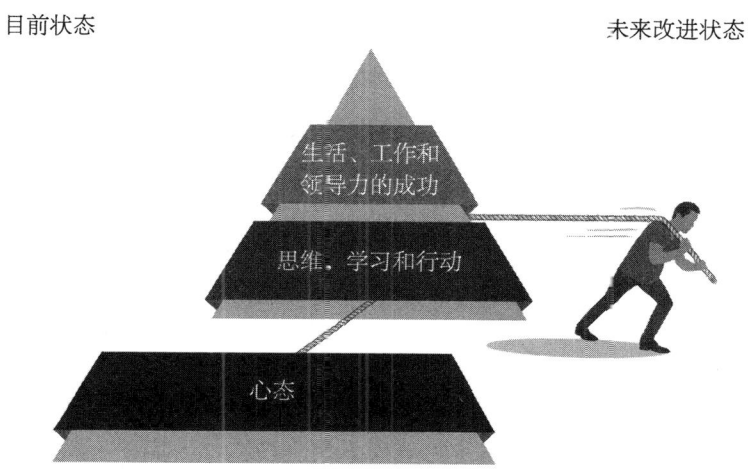

第二幅图说明了，如果我们了解自己此时的心态状况，并且了解它在我们生活中起到的基本作用，那么我们将能以更与众不同、更健康、更自然的方式完善自我，而且能带来恒久的改变。下面描述的方

法表现了我们如何专注并推动心态的进步。

要是我早知道这一点就好了!

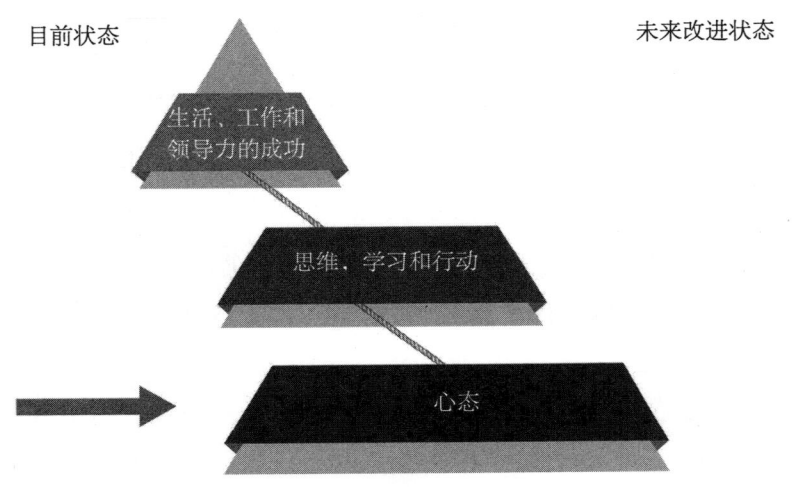

我的消沉期:阶段 1

当你极度想要提升生活或者人生的其他方面,可是无论如何尝试都一无所成时,你是否会感到意志消沉、沮丧至极呢?或许你正在体验这种感觉。这种消沉的状态不仅令人极其有挫败感,还会令人信心尽失。

几年前,我就处于这样的消沉状态中。在我即将完成在加利福尼亚州立大学富尔顿分校第二年的助教工作时,有几个因素影响了我的去留。

首先，我当时希望（现在仍然希望）我的工作、研究和专业技术对企业界产生更大和更直接的影响，但我感觉自己并未拥有足够的资源或者机会让自己做到这一点。我感到棘手，因为我几乎得不到任何资助以支撑我继续从事研究，并让我成长为一个思想先锋。尽管我也参与了大学的领导力培训中心的工作，让我有了为当地一些企业公司做培训的机会，但这样的机会很少，全仰仗中心的领导者分配。

其次，我刚刚收到我第一年的工作评估结果。为了公平起见，我所在的院系组织了一个3人评估委员会和系主任同时对我进行评估。我的系主任给我的研究、教学和工作打了高分。尽管评估委员会也给我的研究和工作打了高分，但是他们给我的教学打了最低分。这件事让我非常困扰，因为系里的一些学生还是给了我最优评价。不仅如此，我也为我的班级设计了一套有意义的学习实践活动，让他们帮助一家非营利组织援救身陷性交易的儿童。该活动后来还为我赢得了我们大学的教学创新奖。尽管我不是很确定，但是我认为我的评估分数之所以很低，主要是因为有一个评估委员会的成员似乎怀疑我在侵犯他们的"教学领地"。

最后一个也是最让我失望的因素是，我觉得未来比当下更加灰暗，前景渺茫。当初我被录用时，学校给我承诺了诱人的激励条件，除了每年2万美元奖金，还减少我头3年的教学负担（每学期只带2个班而不是像常规那样带3个班）。在享受了2年的福利之后，当我开始展望未来时，我感觉我的工作要走下坡路：教学任务将要增加，收入却要打折扣。此外，由于在南加利福尼亚州的生活成本很高，我担心在没有额外奖金的情况下，我无力支撑自己的家庭开销。

我感到自己深陷泥潭，好像自己是一个迫不及待想要升天的火箭，却被我的大学和一些人给熄灭了火。

我的消沉期：阶段 2

这段时间，深受我尊敬的咨询公司盖洛普突然在我的领英网页上向我伸出了橄榄枝。他们提供的职位是研究负责人。我想："我热爱研究，我喜欢盖洛普公司，我讨厌在加利福尼亚州立大学富尔顿分校里的处境。为什么不接受这个工作机会呢？"于是我递交了应聘申请，最终被该公司录用了。

能够得到这个新的工作机会的确令我感到无比激动。我盼望自己能通过和一些公司的合作，给企业界带来更多更直接的影响。我也希望利用我的研究技术收集数据，为公司解决难题，像其他人或者盖洛普公司早前的员工那样，让自己有更直接的路径成为企业界的一个思想领袖。

尽管我把这次从学术界到咨询界的跨界行为视为一次永久的职业更替，但校方仍然希望我还能够重返学校，现在就算是我跟学校请了个长假。这样的话，假如这一年的工作不是很顺利，我依然可以回到学校上班。

当我接下这个工作时，我以为我的工作相当于是一个研究负责人，负责研究项目的拓展、实时收集数据、分析和整合报告，帮助企

第3章 强大的心态能开启更大的成功

业找到前沿的商务举措。在面试的过程中,我被告知,左尔湾办公室里,我是唯一一个获得博士学位的人,许多咨询负责人都因要和我这个专业人士合作而激动不已。

在工作初期,我先承担了对多种不同的客户和项目进行数据分析的任务。尽管我具备做这项工作的专业技能,但是我不喜欢数据分析,尤其是办公室中只有我一人做这项工作。但是我还是很乐意去做,毕竟他们让我参与了项目,这样我就能了解盖洛普公司的结构和体系。在独立做了几个月的数据分析后,我开始向我的部门经理要求做更多样的工作,更多的类似于我入职时以为的那种研究负责人的工作,而不仅仅是做数据分析。她也尽量让我参与了更多别的项目,尽管有几个项目负责人也欢迎我的加入,但是他们并没有把我当成一个"研究负责人",我只不过还是一个数据分析师。

这件事让我有一种深深的挫败感!我感觉自己只做一个数据分析师是没法施展自己的"十八般武艺"的。作为盖洛普公司里仅有的博士人才,我认为在同事眼里,我是一个稀有资源。但是随着时间的推移,除了做数据分析,我对项目几乎做不了别的贡献。尽管如此,我还是保持乐观的心态,毕竟我还是能做些手艺活儿的。

8个月之后,盖洛普公司派给我一个知名度相当高的客户。项目负责人让我做一些数据分析,然后把结果上交给项目领导小组,分公司领导也在这个小组里。当面对堆积如山的数据时,我让项目负责人指出需要重点关注的数据,他让我关注收益那一部分。因此,我拟了一份报告,内容是我们如何帮助这家机构获取更多的收益。

在会议上，当我把分析结果呈现给项目领导小组的时候，分公司领导（我最该给这个人留下好印象）质疑我为何只关注总收益的数据而不是利润。我感到极为尴尬，便解释说我被告知需要尤其关注总收益那部分。而后我才意识到，这样做没有顾及项目负责人。屋里的每个人都对我感到很失望。

这次会议后，项目负责人在讨论我们如何改进并有效地继续工作时，都对我置之不理。我提出应该让我参与项目策略方面的讨论，我觉得如果从一开始我就参与了讨论，我就能很清楚项目负责人需要怎样的数据。而且，如果能早些参与项目，我就有机会促成项目策略的形成，这也是我真正想做的事。他却回答我说，那是永远不可能的，因为我不过就是一个数据分析师。

我觉得我在离开高校时有些意志消沉，而现在的我更加沮丧。我似乎无论怎样努力，都无法朝自己的目标前进一步，无法对企业界产生更大的、更直接的影响。我觉得自己如井底之蛙，在作茧自缚，人生比我以前所期待的要痛苦得多。我再一次感觉自己是一个即将发射的火箭，但被公司和一些人给捆绑住了。

我不想放弃。我继续在公司里寻求更多的机会。在我的努力石沉大海之后，我和部门经理都感到无能为力。

有一天，另一个项目负责人拒绝让我参与除了数据分析以外的其他项目工作。我打电话给部门经理，表达了不悦。对于我们俩而言，这是个不祥之兆。我在公司里显得格格不入，这个职位自始至终都不适合我。她请我打包走人。

我只能顺势而为。

我的心情越来越沮丧了。虽然经理并没有错，但是这个结果太令人灰心丧气。说起来，我是被公司解雇的，这个感觉真是糟透了。

尽管我很感激能够重新回到高校，但是我感觉自己已经被彻底地打垮。我觉得自己与奋斗的目标渐行渐远，而不是更近了。我认为自己具备了所有能够成功的条件和技术，但是因为公司里面的一些人而不得不承认自己是一个平庸的人。

辨认驱使你成功的具体心态

但是不管怎样，我还存有一线希望。我在6月底被解雇，与加利福尼亚大学富尔顿分校的合约直到秋季开学才正式重新开始。这让我有两个月的空闲回到自己的研究中。最让我兴奋的是，我可以重启一个项目，试图改变领导力研究的焦点和对话方式。在过去70年的领导力研究中，最主要的焦点都被放在领导者行为及其如何提高行为的有效性上。尽管这个方法解决了多种多样的难题，给领导者提供了强有力的指导，但是还是有大部分人相信，领导力不只是体现在行为方式或者行为的有效性上。它事关"一种存在的状态"。的确，领导力研究者在研究有效领导力的"存在"方面还是颇有不足。

在离开高校之前，我和同事已经收集了关于领导者动机和关注点的数据，这两者对领导效力具有重要影响。我们的初步研究表明，或许领导者的行为动机与他们的实际行为是同等重要的，或者更甚。

当我开始就此想法进行再调研时,我不断地遇到"心态"这个术语,并接触到很多心态研究方面颇具说服力且饶有趣味的研究结果。例如,阿丽娅·克拉姆(Alia Crum)和埃伦·兰格(Ellen Langer)一起做过一项研究。她们发现,一些把日常工作看成是一种锻炼的服务员,与那些不这么想的服务员相比,经过一个月后,前者的体重平均少了近1公斤。

看到心态的作用如此不可小觑,我问自己:"如果心态的作用很强大,那我需要一种什么样的心态才能够让自己更加成功呢?"

这个问题让我开始进行更深入的研究,我要确定我应该觉知和发展的具体心态。我因此深入了解了几个领域的学术文献,其中包括管理学、心理学、教育学、市场学及其相关领域。通过阅读这些文献,我明白了两件事。首先,心态是一个独立的特质。几十年来,不同领域的文献都对其做过探究,而且每一种文献都关注了不同类型的心态,它们之间鲜少有相互参考的部分。也就是说,学者对心态的研究都是各自为政。尽管如此,每一项独立研究的结论却都大同小异:我们的心态是驱动我们思考力、学习力和行动力发展的原动力。另外,每一个领域都关注到了消极心态和积极心态,并清晰地界定了会产生积极效果的心态和与之效果相反的消极心态。

这个研究让我得出了前所未有的结果:统合所有心态方面的文献资料,可以看到一个心态的总体结构。我忍不住想,这个理论绝对是别出心裁的。我可以运用它来研究领导者"存在"的问题,而不仅仅是他们的"行动"或者行为方式。这个心态结构理论就是此书的核心,我将在接下来的章节里做更加详细的介绍。

我从文献研究中得出的第二个发现对我个人而言有深远的意义。当我了解到不同的心态并将其整合在一起时，我忍不住对自己的心态进行了评估。在此过程中，我意识到，对比之前提及的4种成功心态模式，当下我的心态是非常消极的。我就和前面提到的艾伦一样，当我处于这种消极心态时，我总是关注自己是否形象完好、行事正确，总是喜欢逃避问题，并且做一切事情都从自己的利益出发。尽管我可以辩解自己内心的渴望是正当的，但是它们的确在驱使我以消极和自私的方式行事，而我对此一无所知。

当我意识到这一点后，我开始越来越清楚地认识到，我的恐惧和我感觉不到成功并不是因为我所在的公司和公司里的人。相反，是我的消极心态在驱使我以阻碍自己的方式行事。

这件事让我心生羞愧，但内心得到解脱。有羞愧之心是因为，我不得不承认，我所尽的最大努力并不是最佳之举，我对我的生活、工作和领导力的看法也都行之无效，我离自己的人生目标已经越来越远。之所以感到解脱，是因为我意识到，既然我自己是我意志消沉的始作俑者，那么解铃还须系铃人，我可以自己斩断问题之根。

从此，我开始通过对心态的学习来改变自己的心态，持续不断地对自己进行深度内省，进行本书提及的一些练习。我很乐意承认自己的心态不够完美，我还有很多提升和进步的空间。但是我坚信，我已经将我的心态从消极调整到了积极。

我回顾自己以往那段消沉的日子，坦白地说，那是一段令人不快的经历。但是我很感激那段时光，因为它让我深刻地了解了自己，知道如何从个人和专业的角度提升自己。如果没有那段经历，没有我在心态上的改变，我就写不出这本书。

当我反省自己的过往时，我很清楚，那时的我对自己的心态一直不自知，直到我的精神状态出了问题。那段时间的消沉情绪，不仅阻碍了我走向成功，而且让我以为自己的失败都源于外在的因素，使得我没有找到问题的症结而盲目行事。然而，事实上，是我的内在出了问题，尤其是我的心态。直到我意识到并承认这一点，我才真正拥有了突破自己的勇气和力量，获得了心灵的自由，为自己打开了一个无限可能的世界。

为自己打开一个无限可能的世界

当你思考你的未来时，你还有什么想要解锁的问题吗？

在这本书里，我们旨在强化我们心态的作用，从而让我们在生活、工作和领导力这3个方面有更多的机会获得成功。

生活中的成功

什么是生活中的成功？以下是一些思考路径：

- 生活中的成功，不只是你的潜能得到提升，还需要发掘出自己身上更多的超乎你想象的潜在能力。

- 生活中的成功，是要与他人缔结一种深厚、彼此相爱相依的关系。
- 生活中的成功，是不断地求知和成长，让你即使遇到难题，也能驾轻就熟地做出正确的应对。
- 生活中的成功，是让自己变得内心富足，乐善好施。
- 生活中的成功，是让你周遭的人的生活变得富有意义。
- 生活中的成功，是树立和创造一种与自己的梦想相一致的人生。

工作中的成功

无论你在何处工作，是在华尔街、食品储藏室，还是在你自己家里的方寸之地，工作中的成功都意味着，创造出比你自己更优秀的成果。在工作中，你就是一个运筹帷幄的功臣和价值创造者。你需要积极地投入每一项任务，而不是只会上班打卡、坐等时机。你要为你服务的机构创造有形的（财务、可衡量）和无形的（态度、士气、能量）价值。他人乐意听取并尊重你的想法，你能得到他人的认可。你能获得丰厚的收入，过上富足的生活。你要么在现在的工作岗位上稳如泰山，要么确信自己能持续不断地赚钱养家。你被视为一个能够在你现在的工作岗位或者一个新的更高岗位上创造更多价值的人。

领导力上的成功

我把领导力定义为一种能通过积极的影响力使他人获得成功的

能力。我想从3个方面阐释这个定义。

首先是影响力。对于有些人来说，这个词语本身或者拥有影响力的想法，都会有负面的含义。其实影响力很重要。它能够让我们创造梦想，实现比我们自身更宏大的事业，铭记这一点对我们大有裨益。在过去的20年里，布兰登·伯查德（Brendon Burchard）是一个活力四射的演说家，也是《纽约时报》畅销书《高效习惯》的作者。他说过：

> 更具影响力的确意味着你能拥有更好的生活。当你影响力更强时，你的孩子会更听你的话。你能更迅速地解决冲突，获取你需要或者极力争取的项目。你的想法会得到更多认可。你能增加销售额，还能成为更优秀的领导者，更可能成为高管甚至首席执行官，或者成功的自主经营者。你会越来越自信，表现也会越来越好。

其次，领导的定义并不是指你在一个机构里的职位、层级或者职务的任期。它只是强调一个人可以积极地影响他人的能力大小。任何人，不论在什么职位，都可以是一个领导者。这就是为何我很喜欢伯查德的言论。一个初出茅庐的员工，能够给一个陈腐的职场带来热情和活力。一个全职母亲，能创造出一种可以让孩子尽情探索、发展和挖掘潜能的家庭氛围。一个困在家里的四肢瘫痪者，也能鼓舞他身边的护士、朋友，还和家人充分享受他们幸运的人生。

最后，这个定义强调了"积极"这个词。领导者可以通过积极或者消极的方式影响他人实现目标。假如你回顾历史上大多数臭名昭著的领导者的人生，就会发现他们都有一个共同特点：他们都通过威逼利诱他人，达成他们那些具有破坏力的阴谋。最优秀的领导者不会凭借他们的地位、权势，以及以恐吓胁迫的方式达成他们的目的，而是以他们作为一个人的良好素养对他人产生积极的影响。

因此，从本质上说，成功的领导意味着别人愿意追随、愿意受其影响。

接下来……

我们要想在生活、工作和领导力方面取得一些成功，就要充分掌控我们的人生和命运。我们的心态能让我们有自我意识和自控力，这是我们所有行为的驱动力。当我们能对自己的心态充分掌控时，我们自己就成了更美好前途的原动力和主动创造者。否则，我们就会屈从于命运的安排，最终让自己成为人生的过客、生命的旁观者。

我希望你们能够觉知自己心态的原因有两个。只有你们了解了自己的心态，你们将来才能够：（1）更恰当地诊断和对待自己的困境，知道是什么正让你在成功的道路上背道而驰；（2）更彻底地掌控自己的生活。总之，你将冲破所有的障碍，势不可挡，一路奔向更光明的前程。

接下来，我会给你们介绍一些有必要发展和提升的具体心态。

第 4 章

觉知当下的心态

> 重新调整你的生活环境并不能帮你找到内心的宁静,对自己最深的觉知才是最好的出路。
>
> ——埃克哈特·托利

> 人生中最大的发现就是发现自己。在你找到自己前,你永远都不是你自己。成为你自己!
>
> ——迈尔斯·芒罗

我之前已经表达过,我们的心态是我们所有行为的根基,并且从根本上决定了我们所能取得成就的大小。如果事实如此,你难道不认为,成为一个心态方面的专家是一件很重要的事情吗?

大多数人通常会在日常使用"心态"这个词语,他们一般能感觉到心态的重要性。当我给不同的听众和机构做演讲时,我经常会问他们,是否知道哪些具体的心态能够帮助他们获得更大的成功。我通常会得到两种答案:"我不知道"或者"一种积极的心态"。虽然我们很认同"一种积极的心态",但是这个答案不够具体。

这样的回答难道不是有问题的吗?

为了更好地理解为何这样的回答是有问题的,让我们用视力做类比。想象你的眼睛有远视的毛病,也就是说,你可以看清远处的事物,但是难以看清近处的事物。在你意识到自己的视力有问题之前,你会接受你眼睛看到的事实,并相信你是在用最正确的方式看待这个世界。此外,你可能会揣测每个人都在用同样的方式看待这个世界。

假如你没有意识到自己的视力有问题并接受它,你就只能继续以低效的方式行事(比如眯眼看东西,看书时将书放到一臂之远的地方),甚至会因为书上的单词印得太模糊而抱怨道:"他们为何不把字印大一些?"

即使你意识到自己的视力有问题并选择佩戴眼镜,但是如果你不了解哪种镜片、样式或者品牌是最合适的,你就无法帮助自己提高视力。有两种方法可以矫正视力,一种是去眼镜店,在众多不同度数的镜片和样式中一一筛选,直到找到一副看起来美观、价格合理,并且可以恰当地修正你的视力的眼镜。另一个办法是去找验光师,验光师会使用仪器来甄别你的视力问题,然后精确地告诉你何种镜片最适合你。此外,配镜人员还会帮助你选择一副物美价廉的眼镜框。

不同的配镜方式恰恰与我们选择心态的不同方式类似。一种是通过实验和尝试，来决定哪一种心态最有效。但是这里有一个大问题，心态不像眼镜那样都能被一一罗列在我们的眼前供我们试戴。我们中大部分人甚至不知道有什么样的心态可供选择。

这就是我当初意志消沉的时候遇到过的类似问题。那时我对心态的重要性一无所知，以为我的"视角"是最无敌的。甚至当我最终意识到，是我的心态造成了自己的沮丧情绪，且亟待改变时，我都不是很清楚到底是哪一种心态困住了我，也不知道哪一种心态才是最好的。为了鉴别能让我获得成功的心态，我首先在网上搜索了大量的快速判断心态的常识。尽管我在搜索过程中受到一些启发，但还是对找到的资料十分失望，因为大量的搜索结果都是下述 3 类内容。

- 文章说是讨论一些对成功很重要的心态，但是只讨论了行为的重要性（比如要有远见、听从直觉、接受错误、敢于冒险，以及谨慎行事）。
- 文章指明了不同的心态，但是没有清楚地给出它们的定义。
- 文章即使指明和定义了不同的心态，但是没有提供论据来说明，心态的确会影响我们的思考力、学习力和行动力。

当我意识到无法在网上检索到一个十分明确的答案时，我开始有目的地阅读学术文献：了解已被反复证明会影响个体思考力、学习力和行动力的特定心态。我展开了广撒网式的研究，涉猎不同的学科领域。我起初的研究让我发现了几十种不同种类的心态。

这些心态类型存在明显分歧。迄今为止，根据对心态进行的大多数研究，要么没有任何实践经验来支持说明各种心态会影响个体的思考力、学习力和行动力，要么缺少足够的证据让我完全相信它们具有重要意义和价值。有两三个例子包含了全球化心态和企业家心态，但是有3组心态被研究了数十年之久，每一组研究都涉及不同的领域，而且相互独立：固定型心态/成长型心态，封闭型心态/开放型心态，以及防御型心态/进取型心态。

我可以很确信地说，这3组心态影响个体的思考力、学习力和行动力。

我并没有就此停下我的研究。作为一个对所有关于领导力方面的资料都如饥似渴的读者，我想到了专业市场咨询团队美国亚宾泽协会，他们已经出版了一些关于心态的图书。从他们的著作中，以及通过与他们的私下沟通，我了解到，几十年来，他们已经帮助了很多个体和机构组织发现他们的当前心态，并且通过让他们专注于特定的思维模式（如内向型心态/外向型心态），来改变和提升他们的思考力、学习力和行动力。

将这4组（包含内向型心态/外向型心态）相互独立的心态放在一起，使我能够创造并呈现出至今为止最全面的心态结构框架。由于前人几十年的研究已经证明，每组心态都非常有效地影响了个体驾驭其环境和人生的能力，因此我可以肯定，专注在这些特定的心态上，我们就可以更有效地思考和行事。

这个心态结构框架给我们指出了一条前所未有的通往成功的康庄大道，我们可以就此让心态得到提升。回到之前那个关于视力的例子。这个框架让我们可以一目了然地看到，有哪些心态可供我们选择。我们不仅可以因此提升自己更优心态的能力，也能通过创造出一个评估心态的工具，从而做出一个更优的选择，就像远视患者选择找验光师一样，比一直通过"尝试"找出合适镜片的方式更加精准、有效。

我已经设计出了一种个人心态的评估方式，旨在帮助你辨认自己当下的心态模式，并找到有助于你发展和成长的更理想的心态。如果利用这个评估工具并遵循本书的原则，你看世界和行事的方式将会得到很大的提升。这种效果就如同一个远视患者在接受验光师的检查之后，获得一副合适的眼镜。

4组心态模式

每一对心态呈消极和积极两个模式的正反对比。因为是成对讨论，两种心态通常表现出一种对立的模式。但是在现实中，从消极到积极的表现方式其实是一个连续统一体。这就像灰色光谱或者色谱，既不黑也不白。固定型心态／成长型心态、封闭型心态／开放型心态、防御型心态／进取型心态，以及内向型心态／外向型心态，这些心态组在下表中就呈现出了他们的连续性。

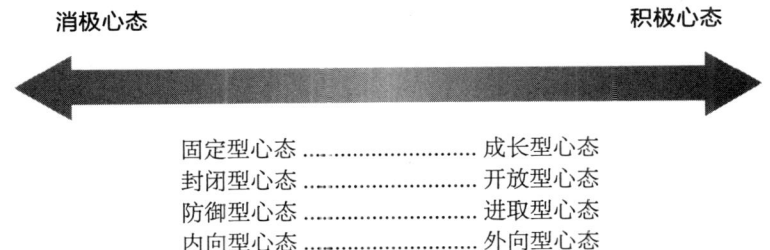

这张图以及相关研究表明,个体的心态都可归属于上面4个体系。不管我们在体系中的哪一个心态层面,只要我们能够提升自己的心态,并且让它们变得更为积极,那么我们就能自然而然地、有效地提升思考力、学习力和行动力,由此让我们在生活、工作和领导力方面获得更大的成功。

在上图里,右边的4种积极心态(成长型、开放型、进取型和外向型)被发现和反复验证,可以更有效、更成功地导引我们的人生。我称其为"成功心态",它们是解锁我们在生活、工作和领导力方面取得成功的秘诀。表格左边罗列的4个消极心态(固定型、封闭型、防御型和内向型)很容易被辨识出来,它们也一直被认为是妨碍和限制我们成功的心态。所以,我称其为"限制心态"。

邀你完成一项个人心态的评估测试

尽管我们已经能够辨认出自己的心态,这也是此书后面内容的重点,但是这里我还是先不定义和描述这些心态特征了,因为我担心在你们完成个人心态评估前先做解释，会让你们在评估中的回答无法做到客观和准确，这样评估的结果就会有失偏颇。

我诚邀你现在进行心态评估测试[①]。请尽可能诚实地回答每个问题。回答时，请专注于你当下的心态，而不是如何让答案更加理想。如果你不能对自己坦诚，那么这个评估结果就失去了意义。

对我们来说，在某一个环境（比如工作环境），我们会表现出某些心态，在另一个环境下（比如家里）则会表现出一种不同的心态。这一点不足为奇。因此，在你做评估时，考虑一下你会花费大部分的时间或精力的环境或者对你来说最有意义的环境。

整个评估过程大约需要7分钟。每一个问题都有两极化的陈述。请选择你喜欢的程度级别，只有这样才能准确地描述你是怎样的人。待你回答完所有的问题，系统就会给你之前提供的邮箱发一份个人全息报告。这个报告包含以下对你有用的信息：

- 让你更好地了解4组心态中每一组心态的具体内容。
- 识别出你的心态是这4组心态里的哪一组（你在每一组心态的表现上都会有一个得分，与那些已完成评估的人进行对比）。
- 帮助你提升自己的心态。

许多做过这个心态评估的人都称这个测试为一次改变一生或者

[①] 评估测试：http://www.ryangottfredson.com/successmindsets

改变机构命运的体验。例如，多个近期离婚的人做过这个评估后告诉我，如果他们早点儿意识到自己有怎样的心态，那么他们就可以找到一个更好的办法改善他们的婚姻，也就大概率不会选择离婚了。那些让人不悦的经历令人对生命心生谦卑和怜悯，同时也看到了评估的价值以及生活中存在的大量可能。

从财富排名前十的机构到中等规模的公司，很多都已利用这个评估来提升他们最高领导者的能力。人力资源领导者也告诉过我，那些执行官并没有意识到，他们在机构里扮演恶人的角色，他们需要一个活动或培训让自己明白自身的种种恶迹。不幸的是，这样的情况比比皆是。特拉维斯·布拉德伯利（Travis Bradberry）和吉恩·格里夫斯（Jean Greaves）在他们写的《情商2.0》一书中提到，高管通常在公司里都是情商最低的人。知道了这一点，就不会惊讶于为何高管们都不太乐意做这个心态评估测试并接受培训。他们就很难否认心态评估的客观性，因为他们的心态报告是与其他成千上万人进行比较的。这足以让他们醒悟，他们有必要提高自我意识和情商。

和其他人一样，这个评估也能帮助你用全新的方式看待自己。假如你碰巧有限制型心态，请不要打击自己，接受这个评估结果就是你改变自己的开始。我们不能指望自己在从没有研究过的领域会有出色的表现。假如你拥有任何成功的心态，这样的结果将有助于你更有自信。但无论结果怎样，只要你能够提升自己的心态，都将会有助于你的成功。

这个心态评估，就是你心态的晴雨表。你可以随时回顾它，观察自己的改变和进步。

标签的作用

优化心态结构能有效地提升你的自我意识、促进成功，其中一个重要原因就是，它给你的心态附上了清晰的定义和标签。一旦没有这些标签和定义，你就很难在试图提升自己的心态时有明确焦点，你就会像在黑夜里射击那样无的放矢。一旦有了标签，你就能够有力且清晰地对自己当下的心态进行反思，然后发展4种成功心态模式。

学习了解自己的心态，给自己的心态附上标签，让自己的人生发生改变。当我初次了解心态模式组时，我知道了当时自己的心态并不好。我意识到自己的心态属于心态系统里的消极心态，这让我在生活、工作和领导力方面无法获得成功。直到那一刻，我才给自己的心态找到了恰当的正确解释。我曾经认为自己的思维方式是最棒的，真是大错特错了。

当认识到我现有的心态并且确认他们并无益于我所期盼的成功时，我开始有了做出改变的强大动力。尽管我仍在努力中（谁不是呢），但是我现在已经走到了4组心态体系里积极的那一边。当我在改变和发展新的心态时，我的思考力、学习力和行动力也得到了显而易见的提升。我现在备感自信，我认为我有能力在生活、工作和领导力上获得更大的成功。

这些人生的新机遇，以及助力我人生更加成功的新型心态令我振奋。

因此，我想让你们和我一样，对自己和未来有一种乐观向上的兴奋和激动。

有关心态的认知科学

在我继续阐释前，我觉得我们必须先要准确地了解，我们的心态是如何在我们的大脑里运作的。这有助于了解它们在我们日常行为中起到的决定性作用，并且能够给我们改善心态提供更明确的指导。

我把心态比作心理光学镜片或者是心理能量过滤器。这个比喻只是说明它们的作用，事实上，心态是位于前额叶皮质里的神经网络，与我们的联想处理记忆能力相关联。

下面我就对心态进行更为详细的阐述。前额叶皮质是大脑里的行为控制中心。我们的感官接受到的信息，会被迅速地传递到这里进行处理，然后指导我们的思想、情绪和行动，这就是过滤的效应。其实，我们的大脑中并没有过滤器这样的东西，但是我们大脑中的一些神经网络会起到过滤器的作用，而且更易被触发。

神经网络由脑细胞或神经元之间的连接构成。神经元有三个主要成分：细胞体（活体脑细胞）、轴突和树突。细胞体是细胞的一部分，能激发电脉冲作用。这个脉冲到达轴突后，被称作神经递质的化学物质（比如多巴胺）就会被释放到被称为神经元突触的神经元中。一个神经元的轴突与另一个神经元的树突紧密地连在一起，这一系列的神经连接就形成了一个神经网络。

我们的大脑有两个记忆系统。其中一个被称作快速锁定系统,它可以快速记录片段式的记忆。例如,回想上一次旅行,你是否能够完整并详尽地回忆起一个特殊的经历呢?此时就是你的快速锁定系统在工作。我们通常需要通过有意识的思考才能做到这一点。

另一个记忆系统被称为联想处理系统。这是一个缓慢学习的记忆系统。它基于我们早前经历过的情境,运用从大量经历中积攒的知识,快速且自动地对当下的情境进行信息填充。也就是说,当我们观察到情境里的一个线索(例如看似危险的情境),我们的联想处理系统就会自发地从我们早前的经历中检索信息(例如我上一次冒险的时候被烧伤),以此帮助我们了解如何采取最好的方式应对当下的情境。这个记忆系统主要是靠无意识在运作,其主要作用是有助于我们快速地对当前遭遇的情境做出判断。

当我们越发依赖某些代表性的事物时,我们就是在加强神经之间的连接,它们与我们联想处理系统里的代表性事物相关联。这就意味着,当一个神经连接的能力在加强时,神经元也会提高它们释放神经递质的能力。此时,树突就会产生更多的树突受体来捕捉神经递质。由此,某些神经连接就会更容易、更快速地触发行为。

这些存在于我们联想处理系统里的神经连接就是我们的心态。它们大多自动且无意识地运作着,并且让我们能够迅速地以所期待且长期反复使用过的方式处理信息。这就是为何学者们估计,90%的思考、情绪、判断和行动都是受到无意识自发处理系统的驱使而产生的。

虽然我们的大脑更易以某一个方式发出指令（例如把挑战看成某种需要回避的事物），但是这并不意味着我们不能以不同的方式处理问题（例如把挑战看成是我们可以应付的事物）。也就是说，如果我们想要培养自己更多的积极心态，那么我们就必须克服当下的混沌和无意识状态。此时，我们需要更多地进行有意识的思考和采取具体的干预措施，旨在增强我们鲜少使用但更为积极的神经连接。

上述 4 组心态只是我们大脑中诸多神经网络中的几种而已。

接下来……

我将在后面的 4 个部分深入探讨每一组心态。每一部分都由 4 个章节组成，其中第一章是对第一组心态组的定义和描述，第二章会展示消极和积极心态组是如何对我们的思考力、学习力和行动力产生影响的，第三章会展示心态最终是如何对我们在生活、工作和领导力上的成功产生积极作用的，第四章将讨论你能如何改善现有的心态。

我希望你先完成个人心态评估测试，然后就可以开始探索每一组心态，更准确地判断我们自己当下的心态。

第二部分

成长型心态

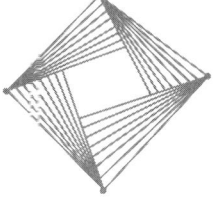

第 5 章

固定型心态 / 成长型心态

> 为何你要浪费时间一遍遍地证明自己有多么优秀,而你本可以更加优秀?
>
> ——卡罗尔·德韦克

2012 年 11 月 10 日,全美排名第 15 的得州农工大学橄榄球队正准备和排名第一的卫冕冠军队阿拉巴马大学红潮队开战。比赛开始 7 分钟后,得州农工队以 7 比 0 领先,得州农工队的队员已经在阿拉巴马队球门的 10 码①线处排起了人墙,准备进球得分。这是比赛中的第三次进攻得分机会。假如得州农工队能够在这一次进攻中再次得分,那么他们球队将获得两次触地得分,要知道,这个强队每场比赛的平均得分领先对手 19 分。如果他们这次失手了,那么他们就必须

---

① 1 码 ≈0.914 米。——编者注

投球得分，也就是错失了一次得高分的良机。

在比赛还剩下最后 3 秒钟时，球传到了得州农工队进攻位里的四分卫强尼·曼泽尔(Johnny Manziel)的手中。虽然他是球队里的新人，但是他的出色球技早已引人注意。曼泽尔从霰弹枪阵型（一种进攻阵型）里退了出来，但是阿拉巴马队球员迅速让他感到前所未有的压力。他向右方躲闪，但是立刻就被切断了去路。当他转身避开对手时，碰撞了自己的一个队友，球被即刻弹向空中。但是曼泽尔此时表现得相当冷静，他迅速抓住了球，飞奔着冲向他左边的无人空地，眼睛死死地盯着前场方向，然后将球轻柔地传给了站在球门区后方严阵以待的队友。得州农工队最终获得了两次触地得分。他们最终以 29 比 24 赢得了这场比赛。在全场的 31 次 253 码的远距离传球中，曼泽尔独自一人完成了 24 次、2 次触地得分，还冲了 92 码。他是首位获得海斯曼奖的新生，被誉为"全美最佳四分卫球员"。

他的成绩令人不可思议，但是更让人难以置信的是，曼泽尔完全是独自运用天赋在进行比赛。他自称不是一个讲究战略战术的人，他也说服自己的教练不要给他什么战术手册。一个四分卫队员却没有战术手册？不仅如此，他也很少看比赛录像。这是一位多么有橄榄球天赋的球员啊！

曼泽尔在橄榄球界是数一数二的球员。他也因此能够快速地进入社交圈子，频繁地出现在与职业运动员（例如詹姆斯·哈登、罗布·格隆考斯基）及流行明星（例如贾斯汀·汀布莱克和奥布瑞·德雷克·格瑞汉）的各种聚会新闻里。命中注定他就是一个明星。

不幸的是，尽管他具有天赋才能和巨大优势，但他的巅峰之路戛然而止。如果曼泽尔在入行的第一年就有资格进入NFL（美国国家橄榄球联盟）的选拔，那么他或许已经成为这个联盟的一员。然而，NFL规定，有资格参加选拔的人必须高中毕业三年。因此他回到得州农工队多待了一年，他在那里继续凭借精湛的球技让全美人疯狂，同时也让之前就已惊人的得分继续攀升。但是，由于经常出入各大社交聚会，他声誉受损，在2014年NFL的选拔前，他的中选率下降了。一份从NFL流出的选拔报告包含以下内容：

- 教练不能对他大喊大叫，否则他会罢赛。他以前在比赛中经常把教练晾在一边。
- 他知道如何制定战术，骄傲自满，从入学第一天开始就从不上课，我行我素，极度自信。
- 他是难伺候的化身。注意：他成熟、有赛前准备的激情、难伺候，但有职业道德。

在2014年的NFL选拔中，克利夫兰布朗队以第19顺位交易选中曼泽尔。当他第一次和球队合作时，一位布朗队的队友说，曼泽尔在训练中的运动能力"让人惊掉了下巴"。

可惜的是，那是他在布朗队的最佳表现了。他在新秀赛季里一直认为只要有天分就能够成功。与其他成功的职业四分卫队员相比，他为此付出的努力甚少。那些职业球员对于从饮食和橄榄球的准确气压，到各种对手使用的防御计划，都表现出近似强迫性的关注。曼泽尔甚至在周末也不看比赛方案，而是和一些名流聚会。他由于在球场外缺乏足够的赛前准备，在赛场上举步维艰。他后来也抱怨说，他很快对自己的能力丧失了信心，因为这是他自从高中一年级以来第一次在橄榄球赛场上这么受挫。"那时我开始有些抑郁了。"他补充道。

曼泽尔和很多新秀一样，并没有加入布朗队首发阵容。但是在赛季后期，布朗队为了取得更多的胜利，邀请他加入首发给球队助力。在第一次比赛中，他两次扔球被拦，传球率全场最低。不出所料，布朗队输了这场比赛，比分是 30∶0。赛后，队友抱怨他既不知道战术，也不能准确地喊出每个人的名字。一周之后，他就拉伤了腿筋，以此终结了他在这个赛季的比赛。

之后，曼泽尔的生活越来越糟。在腿筋拉伤一周之后，也就是在赛季最后一场比赛的前夜，曼泽尔依然飞往拉斯维加斯参加派对，结果因错过返程航班而未能接受所需的伤痛治疗，这件事严重破坏了他在布朗队教练和队友中的形象。第二年，他因为与毒品和酗酒有关的问题进入戒毒所，被卷入旷日持久的法律纠纷，最终被布朗队解聘。在长期接受戒毒治疗期间，几个赛季他都没有参加比赛。他想通过努力，借助加拿大橄榄球联盟重启他的橄榄球生涯。他开始和蒙特利尔云雀队合作，首次出场就 4 次被拦截，很快被换下场。曼泽尔在美国橄榄球联盟中短暂地小试牛刀后，也就是在他 26 岁，离开了职业橄榄球球场。

我对曼泽尔的人生如此着迷的原因是，他看起来天生注定就是个卓尔不群的人，自身闪耀着天赋之光，却这样轰轰烈烈地退出了本该属于他的舞台。

你或许能想到其他类似的例子。这样的人比比皆是。天赋过人，看起来行事总是胸有成竹，最终却变成一个臭名昭著、彻头彻尾的失败者。然而，有些人看起来天赋平平，但一直在做惊人之举，最终出人头地。想想汤姆·布拉迪（Tom Brady），或许他曾经是最伟大的四分卫球员。布拉迪从密歇根大学毕业时藉藉无名，最多被评为略高于平均水平的四分卫。他在第 6 轮选秀中以补偿性方式被选中，总排名第 199 位。一般来说，运动员在这个层级被选中的话，最终会被裁掉，因为球队在赛季前都要把队员删减到 53 人。如果你曾经看过他的比赛，或者看过他的运动方式，你就知道他与大多数 NFL 球员相比，体格不够健壮，也不太适合运动，甚至运动速度相当慢。然而，他拥有 6 枚超级碗戒指，9 次获得 AFC（美国橄榄球联合会）冠军，4 次获评超级碗最有价值球员，两次获评 NFL 最有价值球员，他是有史以来获得最多荣誉的四分卫，现在他的职业生涯还在继续。

曼泽尔是第一个赢得海斯曼杯的新生，在第 19 顺位达成交易，而布拉迪则是在第 199 顺位才获选。这就引发了一个关键问题：是什么让有些人取得了成功，即使他身处劣势？是什么导致一些极其有能力的人功败垂成？答案的关键在于，他们是拥有固定型心态还是成长型心态。

固定型心态 / 成长型心态

拥有固定型心态时，人们相信自己的能力、天赋和智力是永恒不变的，其他人的也不会变。拥有成长型心态时，人们相信自己完全可以改变个人特质。

这个小小的对比差异意味深远。我们每一个人的内心都在进行一场战斗。我们希望自己能够在人前表现得完美无瑕，同时我们也想要学习和成长。然而，许多时候往往不能够两全其美。假如我们希望自己看起来很完美，那么我们就不可能将自己置于可能犯错和失败的境地，但是这样做有助于我们的学习和成长吗？为了解决这样的内心斗争，我们就会让自己发展出只专注于一种情境的神经连接，即要么只关注自己是否看起来完美，要么只关注学习和成长。两者不可兼顾。

那些拥有固定型心态的人，往往会十分重视自己在人前的完美形象。这是为什么呢？主要原因在于，那些感觉自己无法做出改变的人，面对失败能够给自己找到的唯一的解释就是，他们是一个失败者。而从深层次看，通常是在无意识层面，他们害怕被别人看成是一个失败者。而这种心态，则是他们很多行为的原动力。他们会躲避任何挑战，遭遇任何困难时都会轻言放弃。此外，由于他们认为自己和其他人的性格都是无法改变的，所以他们往往会倾向于要么"有能力"、要么"没能力"的二分法思维模式。由此，他们认为成功应该是个一蹴而就、水到渠成的事情。一旦未果，他们就认为那是老天在暗示他们不该成功。所以，他们大多数情况下不会竭尽所能地为一些事情付出自己最大的努力。

卡罗尔·德韦克是一名研究成长型心态和固定型心态的先驱。他发现，成功者的标志就是终生热爱学习，热衷挑战，重视努力和付出，以及在困难面前永不言弃。对照上文对固定型心态人群的描述，你觉得他们会拥有卡罗尔所提出的这些成功者的标志吗？

那些拥有成长型心态的人往往十分重视学习和成长。由此，他们会寻求最大化的发展机会，而不是回避任何挑战，或者面对挑战时挫败不堪。他们会坚定地认为，这些挑战能让自己得到提升、进步，并保持乐观。他们并不认为成功是一件顺其自然的事。他们更愿意为了实现目标而坚持不懈地努力，而不是一旦遭遇困难就立刻败下阵来。相反，他们会比之前付出更多的精力和心血。这就是为什么有些体育明星勤奋上进，像布拉迪那样，与具有类似天赋甚至比他更有运动天赋的运动员相比，他依然能够取得更大的成功。

这些心态的强大作用在前面谈及的第一项研究中已经阐释过了。回想下，该研究把参加心态评估的学生分成两组，分别给他们做了12道题目，8道简单题和4道有难度的题目。包括德韦克在内的研究者发现，当那些拥有固定型心态的学生做不出难题的时候，他们就开始想当然地将自己视为失败者。他们对自己的能力丧失了最起码的信心，自言自语地说一些丧气话，然后就此放弃，不再认为自己能够成功。但是那些有成长型心态的学生有截然不同的表现。他们并不会认为，只要答题时遇到困难，就说明自身有什么问题，与之相反，他们会把这些难题看成是自己难得的一次学习和成长的机会，因此他们会更加充满干劲地努力钻研。

反观曼泽尔，他拥有怎样的心态呢？他是否相信成功应该是一件再自然不过的事情呢？他能否在遭遇困境时做到迎难而上呢？他是否能从失败中吸取教训，或者在内心中接受失败呢？

显然，曼泽尔的运动天赋本来可以让他达到运动生涯的巅峰，但正是他的心态让他直接从神坛上跌落下来。

固定型心态和成长型心态的驱动力

到底是什么导致一些人发展出了固定型心态，而另一些人发展出了成长型心态呢？

我们从小接受的教养，就是其中的一个重要因素。学者们反复研究后发现，我们在成长过程中，从父母和老师那里获得的表扬塑造了我们的心态。赞扬一个人的能力（例如"你真聪明啊"）会造成固定型心态，它在强调能力、天赋和智力的重要性。与之相反，表扬一个人所付出的努力（例如"你工作真努力"）会有助于成长型心态的形成，因为它在强调学习、成长和提高能力的重要性。此外，我们所感受到的父母对我们的爱和接纳的程度，也在塑造我们的心态。如果孩子觉得没有被接纳，那么他们就会感到失落和孤独。

为了对抗这种焦虑的情绪，他们往往会寻求一种安全的方式，以此获取父母的认可。于是他们经常把自己想象或塑造成父母或许会更喜欢的样子。不幸的是，这些想象或塑造出来的"自己"，会让他们更加执着于某些特质和方式,从而助长了其固定型心态。

我们所生活和工作的环境,还有教育体制,也对我们心态的发展起着十分重要的作用。例如,现在标准的小学和中学教育是否也在强调对知识和能力的学习和掌握呢?或者,大学成绩单上是否强调看起来还不错的高分呢?这个社会对好成绩的普遍重视,使得很多学生(即便不是大多数学生)发展出了一种固定型心态。他们开始变得更加在意论文写得怎样,而不是自己真正学到了多少东西。我在给大学生教课时发现,他们选课时很注重找到一些可以轻易拿到等级 A 的课程,因为这有利于他们成为一个专业人才。就职于桥水投资公司的达利欧就此问题阐释道:"我经常认为,一直以来,家长和学校都在过分地强调正确答案的意义。对我而言,学校里最优秀的学生是最不擅长从错误中学习新知识的。因为他们习惯于把错误与失败而不是与机会联系在一起。这是妨碍他们进步的最大的一块绊脚石。"

工作环境也会影响一个人的心态。安然公司就是一个十分典型的例子。安然公司的企业文化十分注重员工的天赋和才能,注重营造出一种天才文化氛围。由于他们相信员工只分为两类——有才能的和没才能的,所以他们把重点放在了雇用顶尖人才方面,而不是培养员工。这样的公司文化旨在强调才能的展示、优异的表现、做事百密而无一疏,以及以物质奖励激励领导者和员工做出过人的成绩。这种公司文化终将导致领导者和员工为了私利投机取巧,相互隐瞒信息,甚至各怀鬼胎,最终让安然公司彻底倒闭。公司的两位最高领导者肯尼斯·雷(Kenneth Lay)和杰弗里·斯基林(Jeffrey Skilling)也因此被判有欺诈罪。

你拥有怎样的心态？

德韦克的研究表明，整个人群可以分成拥有固定型心态和成长型心态的两类人。你的个人心态评估结果是什么呢？假如你偏向于固定型心态，千万不要以为你不能改变它。要相信我们"能够"改变自己的心态。这就是我们关注心态并让自我得到成长的关键所在。事实上，通过长期对固定型心态和成长型心态的对比研究，研究者已经发现，极小的干预（例如 15 分钟的培训或阅读一些段落篇章）都可能提升你的心态。

不论你的评估结果如何，只要你越多地意识到固定型心态和成长型心态之间的差异，以及心态对你的生活、工作和领导力的重要作用，你就越有能力发展出更多的成长型心态。

让我们继续这个探索和觉知的过程，这样我们就能充分提高德韦克所定义的成功特质——热爱学习，热衷挑战，重视努力和付出，以及面对困难永不言弃。

第 6 章

能力非天生

> 你失败时的想法将决定你需要多长的时间重整旗鼓,然后获得胜利。
>
> ——吉尔伯特·基思·切斯特顿

克里斯托弗·兰根(Christopher Langan)被称为世界上最聪明的人之一,事实上也的确如此。普通人的智商一般是 100,阿尔伯特·爱因斯坦的智商有 150,兰根的智商高达 195。

在这个社会中,被认为拥有高智商的人,一般意味着能获得高成就或拥有天才般的创造力,甚至能以某种方式改变世界,就像爱因斯坦创造了相对论那样。然而,兰根给世界做出了怎样的贡献呢?他获得过诺贝尔奖吗?尽管克里斯托弗还是有机会做出一些丰功伟绩,但是至少到目前为止,他人生的大部分时间都是在纽约长岛的一个酒吧里做保镖。

是什么让像克里斯托弗·兰根和约翰尼·曼泽尔这样高智商的天才无法充分发挥自己的天赋，而在现实生活中表现平平，无法取得众人期待的成就呢？

为了回答这个问题，心态研究先锋芭芭拉·利希特（Barbara Licht）和德韦克首先做了一个研究，他们让学生参加一个心态评估测试，区分出哪些人拥有固定型心态、哪些人拥有成长型心态。然后，他们指导每种类型中一半的学生阅读一个文本，并回答7个问题。在第一个实验组里，68%的成长型心态组学生答对了全部题目，77%的固定型心态组的学生也全部答对。再下一步，他们让其他固定型和成长型心态的学生做同样的任务。只是这次他们在文本的第一页插入了一段字迹模糊的段落，这是唯一和前一个文本不同之处。对于第二个实验组，72%的成长型心态组学生答对了全部7道题，而令人震惊的是，只有35%的固定型心态组的学生答对了全部题目。这让利希特和德韦克得出一个结论，许多固定型心态组的学生虽然拥有一定的能力，但是很难在学习中有出色表现。那是因为，他们没有灵活的认知能力，也不能克服开始做题时就遇到的困惑。因为他们不具备应对逆境的心态。

当我第一次读到这个研究报告时，我不禁反省，我有多少次是因为不良心态而没能克服一些小困难（比如一段字迹模糊的文字），从而让自己的表现不尽如人意。

毫无疑问，表现不佳的固定型心态组的学生应该是尽其所能了，但他们最后只是在那里抓耳挠腮，不知道自己到底哪里出了问题。他们就像兰根和曼泽尔，尽管他们认为自己在竭尽全力地做事，但他们的心态导致他们的思考、学习和行事的方式都令公众无法理解，令人们奇怪于如此有能力和天赋的人却有负众望。悲哀的是，对球星曼泽尔而言，他多年的个人生活都暴露在媒体之下，这严重地损坏了他的公众形象。

让我们通过探索心态是如何影响我们的思考力、学习力和行动力的，更充分地了解固定型心态和成长型心态在我们生活中起到的决定性作用。

思考力

拥有固定型心态的人与拥有成长型心态的人，对个体能否改变和提升自身的天赋、能力和智力持有完全不同的观点。这或许看似是一个十分微小的差异，却有不可小觑的深意。

那些有固定型心态的人认为，人们是根本无法改变自己的，并且把人分成了两种类型，一种是有天赋、有才能和高智商的人，表现出色并能获得成功，另一种与之相反。正是这种认知导致他们在内心无意识地设定一些标准，并且不断地评估他们和其他人所获成功的大小，或者失败的程度。基于表现的好坏，他们的固定型心态会给个体贴上一个近乎永久的标签，以此显示个体处于"有成功特质"或者"无成功特质"两种情况下的等级程度。

那些拥有成长型心态的人认为，人们的天赋、才能和智商是可以得到提升的。他们根本不会认同那种"有成功特质"和"无成功特质"的标签。反之,他们认定,一个人今天和未来的表现,都与其之前所付出的努力有关,而无关于他们与生俱来的天赋。

也正是由于这种认知上的根本差异,有固定型心态和成长型心态的个体会发展并拥有不同的价值观。那些有固定型心态的人,非常关注他们是否成功。其实,对自己在多大程度上是一个"有成功特质"的人,大大地影响了他们的价值观和自我价值感。这让他们过度地关注自己的形象,然后不遗余力地维护自己的形象。这也就意味着,那些有固定型心态的人会隐隐地担心自己的形象不够好,从而总是在思考和行动中或多或少地畏手畏脚。由于那些有成长型心态的人相信,一个人的表现如何,更多地反映了他们的努力程度,而不是他们的能力大小。因此他们不太关心自己的外在形象,而是更关注他们自己的成长、发展和进步。所以,他们的关注焦点都在自我或内在的发展上,而不是外在的形象方面。他们不想让自己只是看起来很优秀,而是想要做到真正的优秀。因此,他们最担心的是自己的潜能是否得到了最大程度的发挥。

现在,让我们暂停一下。我之前描述的两种心态的差异性具有重要意义。一方面,拥有固定型心态的人,认定自己应该看起来很优秀,十分注重维护自己的形象,暗自担心自己会被别人轻视。另一方面,拥有成长型心态的人,就是要追求优秀的表现,提高自己的能力,因为他们隐隐地担心自己的潜能无法得到充分的发挥。在这两种心态中,是否有一种心态比另一种心态更有优势成为取得成功的首要心态呢？

一旦我们意识到这两种心态的差异性，那么它们就会变得一目了然，尤其是在观看体育比赛的时候。我们来看下 NBA（美国职业篮球联赛）的金州勇士队。这个队和他们的全明星阵容家喻户晓。在过去的 5 年中，他们都打入了 NBA 决赛。全明星阵容里的一个球员名叫德雷蒙德·格林（Draymond Green），有一件让格林很有名的事是，他喜欢向裁判抱怨，然后被判了技术犯规。在他 7 年的篮球生涯里，他获得了 78 次技术犯规。甚至有些人认为，在 2016 年，他让他的球队丢掉了冠军奖杯，因为他在加时赛中拿到了太多的技术犯规，以至于他在冠军联赛中被禁赛。尤其在比赛最激烈的时刻，每当他失误一次，比如传球不到位，他通常会厌恶地对着自己的队友举起双臂。类似这样古怪又愚蠢的行径被许多媒体广为宣传，激化了他和队友之间的矛盾冲突。

金州队另一个球员斯蒂芬·库里（Steph Curry）是一个明星控球后卫。许多人认为，他是最出色的篮球投手。他之所以如此有名，是因为他每次投完篮后都会拍打他的心脏处，然后指向天空。他就自己的这个习惯对别人他说："这个动作的意思是，'对上帝保有一颗赤诚的心'。它让我知道，我为何要打比赛，我的力量来自哪里……这是一种优良的本分。"他不认为他的成功完全依靠自己的天赋、才能和智商。在他失误或者表现不佳时，你很少能看到他态度消极。如果说他这时候会做一些什么，那么通常是在自言自语，像是在告诉自己如何解决问题。在他 10 年的篮球生涯中，他只拿到了 17 次技术犯规。

从一个旁观者的角度看，格林是一个有更多的固定型心态的人。一方面，他过度地关注自己的形象，潜意识里害怕自己的表现不够出色。所以当他犯错的时候，他心理上就会有一种消极的反应，因为他认为他的失误是在暗示他，他是一个"无成功特质"的人。于是，他以指责他人的方式，来维护自己的良好形象，以此证明自己仍是"有成功特质"的人。而另一方面，库里是一个有更多的成长型心态的人。他不会认为，他的失误说明他是一个"无成功特质"的人。恰恰相反，当他犯错时，他能够及时从中吸取教训，并利用那些错误进一步提升自己的技术和能力。

球队里的每一个球员都成功过，每一个人都赢得过 3 次 NBA 冠军，在多项赛季中被命名为全明星，但是考量一个人是如何让自己和自己的球队获得成功的，方式却不尽相同。此外，当我们思考哪一个球员拥有能够让其技能更胜一筹的心态时，结论也大相径庭。

学习力

经过 30 多年对固定型心态和成长型心态的研究发现，有两个主要原因导致了拥有不同心态的人会有不同的行为模式，以及获得不同程度的成功。这两个原因与他们学习和发展的能力，以及他们如何看待失败和努力紧密相关。

对于那些有固定型心态的人来说，失败就是一个致命的克星。在他们的思维里，失败就是在揭露他们是一个"无成功特质"的人。为了能够保全自己在众人眼中的成功形象，他们会下意识地尽可能地躲避失败。由于接受任何挑战都需要承担一些失败的风险，所以一个人的固定型心态也会让他们将挑战视为一种最需要逃避的事情。

"接受这个挑战，我要付出多少努力呢？"这样的问题，往往会让一个有固定型心态的人对挑战的难度变得十分敏感。如果他们认为一项任务可以轻而易举地完成，那么他们就会认为这件事的失败率很低，他们会十分乐意接受这样的任务。反之，如果他们需要为一项任务付出很多，那么他们就会认为这件事的失败率很高，更可能会尽力避免接受这样的任务。相应的，那些有着固定心态的人往往也会认为，成功应该是一件很自然的事情，假如有的事不能水到渠成，那就是在暗示他们是一个"无成功特质"的人。从这个角度来看，当挑战或困难来临时，有固定心态的他们会宁愿选择放弃，然后从另一个方向寻找成功的可能，而不是在他们当下的道路上做出最大的努力。

曼泽尔存在的主要问题就是，害怕失败和挑战。因为他认为，所谓努力，就是在表明你是一个"无成功特质"的人。他想当然地认为，成功应该会自然而然地到来。如果他是真的有天赋，他不需要让自己再做出什么努力。事实上，正是由于他把努力视为一种软弱的表现，所以他不能接受挑战，从而无法让自己成为一个伟大的四分卫职业球员。

那些有成长型心态的人，不仅不在意自己是否是一个"有成功特质"的人，他们还会以积极的心态看待失败和努力。失败在他们眼里弥足珍贵。对他们而言，能让他们知道在哪个领域可以提升自己，比知道自己在哪里失败重要得多。因此，那些有成长型心态的人往往喜欢迎接任何困难和挑战，并且将其视为激励自己奋进的机会，然后从自己的经历中学习。

当面对一个挑战时，那些有成长型心态的人或许也会问："我要为此付出多少努力呢？"但是他们这样问的目的，不是在判断这个任务的难易程度，而是测定他们会因此得到多大程度的成长。因为他们知道，努力会带来成长，成长会使人成功，所以当遭遇困境时，他们不会像有固定型心态的人那样喜欢退缩。反之，他们会心甘情愿地在他们奋斗的道路上不遗余力地朝成功的终点迈进。

我们还可以问下自己，哪种人的行事会更加有效呢？是那些喜欢躲避挑战和失败，把努力视为软弱的人，还是那些乐意把挑战和失败看成是学习和成长的机会，明白成功是需要付出努力的人呢？现在让我用一个例子做总结，这件事几乎打击了我的家庭（请不要把这件事告诉我的妻子）。当我刚步入婚姻时，我的妻子并没有什么烘焙经验。然而，她总是不断地说，她想要学习烘焙技术。不幸的是，那时她处于一个固定型心态，这让她对烘焙还是有些发怵，因为她总是认为自己可能学不会。她下意识地依照其固有的心态把一些看似无关紧要的事情联系在了一起：假如她没有学成烘焙，那么她就是一个"失败"的妻子。更糟的是，她担心新婚丈夫也会这样看待她。因此，有好几年，她从没尝试过烘焙。当她最终尝试学习烘焙以后，果然学得不太好（比如过软的面包团、扁平的曲奇）。经过这次失败之后，在好几个月里,她都不敢再次进行尝试。她的固有心态使她错误地认为,努力并不能让她成功。

每一次她把点心做砸了时,我都试着让她明白,她只是需要更多的练习,只有经过10～20次或许都是失败的尝试,她才能不断地学习和调整技艺,最终掌握她所需要的烘焙秘诀。

现在,我们已经结婚10年了。令我感到高兴的是,我可以荣幸地告诉大家,她在尝试了足够多的失败之后,已经成功地学会了一些烘焙技能,比如给我们的儿子做一个虎皮生日蛋糕,以及美味至极的香蕉面包、奶酪大蒜卷。她现在已经会定期做一些点心了。

这就让我思考一个问题:假如她能更快地意识到并调整她的固定型心态,对失败和努力保有一种开放的心态,那么她是否能更快地学会烘焙呢?

事后看来,固定型心态对她的能力和技能的学习和掌握所带来的影响显而易见。但是,在此过程中,她没有意识到自己的固定型心态已经严重地阻碍了她达成目标,她总是需要让自己看起来很完美,并且害怕失败。假如她能早一点儿觉知自己的固定型心态,进而调整对自己的看法,那么她就能更高效且更愉快地学会烘焙的技艺。

行动力

如果我们认为自己需要逃避挑战和失败,努力只不过是在说明自己能力有限或者走错了路,那么我们的行为就会有别于那些认为挑战和失败是一种学习的机会、努力会使得自己技艺更加娴熟的人。回顾我的人生，我可以清楚地看到，固定型心态是如何改变了我的人生道路。

从我记事开始，在接受教育期间，我就已经养成了一种固定型心态。我非常注重自己的学习成绩，甚于我真正学到的知识。如此这般，我一直都不费吹灰之力就能拿到成绩 A，甚至在所有的课程学习中都如此，因此我在大学一年级就获得了奖学金。在我上大学期间，我毫不迟疑地带着这样的心态进行学习。

我上大学后，计划修读医学博士。这就意味着我需要在大一修一年的医学预科课程，课程是由发明便利贴的 3M 公司前化学家讲授。这个班级被誉为"除草"班，因为通过率很低。虽然我十分明白这一点，但是我的心态也一如既往：我要毫不费力地得到成绩 A。

在大一第一学期，我和另一个有类似的医学院梦想的学生成了朋友。当我去他公寓时，他总是在学习。我记得当时我很好奇，他为何如此用功？

当他在第一次考试中拿到成绩 A，而我只拿到了 B 时，我本不该感到惊讶的。

我一直有固定型心态，并没有把这个成绩 B 看成是在提示我需要努力学习了。反之，我把这次的问题归因于"我不熟悉教授出题的方式"。

在第一学期接近尾声时，我拿到了有生以来最低的分数 B-。我那个朋友还是拿到了 A，而且他的名字出现在班里张榜公布的最高成绩名单里。

在我对这种情况进行分析时，我的固定型心态让我并不认可朋友的学习有多么用功。我反而认为，他在化学上是有天赋的（一个"有成功特质"的人），而我没有天赋（一个"没有成功特质"的人）。这种想法让我在第二学期也没有开始全力以赴地努力学习。于是我干脆选择了放弃，不再修这门预科课程，也就不再指望自己能成为一个医学博士。那个学期我最终拿了等级 C，然后开始寻找新的专业。最终，我的固定型心态让我不能从全局思考我的处境，以至于我不清楚自己学到了多少知识，也不了解自己的行为方式。

我希望，我的固定型心态仅仅是影响了我在化学课的成绩表现，但是坦白说，在整个大学期间，我都是抱着这样的心态。尽管我自从放弃那个化学课后再也没有拿过比 B 差的分数，但是我的固定型心态还是在干扰我勤奋学习，以及努力掌握课堂的学习内容，毕竟我对掌握一些知识感到不再那么自然而然了。

我的经历无独有偶。德韦克多次研究发现，由于固定型心态的个体想要让自己看起来完美，于是就会尽量地避免挑战和努力。他们就会自然而然地选择一种简单的行为方式，因为只有这样才不会让他们出错，而这限制了他们的学习力、个人发展和未来的成功。尤其在德韦克让实验对象选择是重做一道简单的智力游戏，还是尝试更难的题目时，那些有固定型心态的人往往更加倾向于选择安全和容易的智力游戏，以保证自己能够做对并得到认可。与之相反，那些有成长型心态的人往往会质疑这种行为的意义，进而选择有难度的智力游戏来提升自己。

如果你个人的心态评估表明你有更多的固定型心态,那么就请想一想,你的固定型心态有多少次阻碍了你带着乐观的态度接受挑战,限制了你为某事付出巨大的努力。

在上述情况下,你是会更加关注你是一个有成功特质的人,还是更关心发展自我呢?

我们无须思考我们是否"有成功特质"和"无成功特质",那是固定型心态所关注的。一个更健康、有效的成长型观念是,"如果成功没有如期而至,那只是因为我没有付出足够的努力"。

总结

你是否还记得那个非营利组织的首席执行官艾伦?尽管他在组织内部尽可能地做到他应该做的事,但是他的固定型心态在不断地摧毁着他的思考力、学习力和行动力。

如果艾伦面前有两个选择,一个是摒弃他过时的领导力培训课程计划,另一个是推广一个新的前沿课程计划,其中需要运用新的技术和授课方式来提升领导者的自我发展力。由于无法意识到自己的固定型心态,以及由此带来的无意识的思维模式,艾伦会更愿意选择一种过时陈旧的课程计划。这是因为他不愿面对失败,而且这个旧课程也无须他耗费任何额外的精力。此外,由于前沿课程计划的关键就是前沿,这需要艾伦花费更多的精力来掌握更多时下的领导力思维,以及学习新的技术和授课方式。艾伦的固定型心态使得他不愿意尝试任何新鲜的事物并为此付出相当大的精力。对他而言,花费精力学习就意味着,他不得不承认,他在当下不是一个"有成功特质"的人。因此,艾伦会立刻阻止任何升级课程计划的想法。

艾伦的固定型心态让他觉得,选择过时陈旧的课程是非常正确的。但是同时也会让他无法看到,这个选择限制了他的个人成长和发展,降低了课程的价值。最终,这个选择阻碍了他取得成功。

第 7 章

迎接挑战，不懈努力

> 当我们允许自己失败时，也是在给自己机会，让自己脱颖而出。
>
> ——埃勒维兹·瑞斯泰德

谈及成功时，在篮球领域你会想到谁？毋庸置疑，迈克尔·乔丹（Michael Jordan）肯定名列前茅。他在品牌商业活动中说过下面一席话：

> 我在职业生涯中有过 9000 多次的投篮失误，输了近 300 场比赛。我有 26 次以为能投入让球队制胜的一球，却都失手了。我的生命中有一次又一次失败，这就是我能成功的原因。

尽管这段话只与他的职业经历有关，但是他似乎在人生的方方面面都秉承着这样的理念。当他还是一名高中生时,他并没有得到大学篮球校队为高中生预留的名额。他备受打击,但也因此激发出了他的昂扬斗志。在得知这个坏消息后,他每天早晨都比教练提早很长时间去体育馆训练,经常是被赶出体育馆去上课。提到那段经历,乔丹说:"每当我感到疲劳并想要停止时,我就会闭上眼睛,想到我的名字并不在运动员的更衣室名单上,我就会重新打起精神继续坚持练下去。"

达利欧在《原则》这本书里讲述了关于乔丹的这样一件事:

> 我曾经有一个滑雪教练,他也教过最伟大的篮球运动员乔丹。他告诉我,乔丹乐于接受自己的错误,他认为每一次犯错都是提升自己的机会。他明白,错误就像那些智力小游戏,当你想出答案时,就能得到一块宝石。你会从每一次犯错中吸取教训,你犯的每一次错误都让你在未来避免成千上万次类似的错误。

这两段话听下来,你觉得乔丹是有固定型心态还是有成长型心态呢?显然,成长型心态是他成功的一个关键且根本的驱动力。

学者们对于固定型心态和成长型心态长达30多年的研究,涉及太多方面的内容。然而,如果你想把道理精简到一句话,那么所有关于心态的研究者都一致认同这一句:"培养一种成长型心态,会是你为取得成功做的最重要的事之一。"成长型心态让人们既能够直面挑战,又积极地克服困难,这是取得成功的两个必要条件,也是一个坚持固定型心态的人所不具备的条件。

在这一章里，我们将探索固定型心态和成长型心态如何驱使我们在生活、工作和领导力方面取得成功。

生活中的成功

从根本上来说，下面哪类人会更成功呢？

- 是那些认为他们受到了打击，不能改变、成长和发展的人呢？还是那些相信他们能够改变、成长和发展的人呢？
- 是那些专注于成为一个"有成功特质"的人以及看起来优秀的人呢？还是那些注重学习和成长，让自己变得更好的人呢？
- 是那些回避挑战的人呢？还是那些喜欢挑战的人呢？
- 是那些因为暂时的失败就认为自己一败涂地的人呢？还是那些把失败视为一次宝贵的经历，由此可以提升自己并获得成功的人呢？
- 是那些一旦遇到挫折就一蹶不振的人呢？还是那些持之以恒、奋勇向前的人呢？

很显然，与那些有固定型心态的人相比，具有成长型心态的人的行为方式和态度更利于他们取得成功。我们已经在上面讨论的例子中看到了这一点。从曼泽尔、兰根到球场上行为愚蠢的栓林、我想学烘焙的妻子,以及我对待学习和艾伦对待工作的方式等各个例子中,希望你们能够清楚地看到固定型心态如何遏制了我们做事的有效性,以及如何阻碍了我们取得成功和发挥自身的潜能。另外,我希望通过一些伟大人物,像布拉迪、库旦和乔丹那样的人让你能够看到,他们之所以能够成功,并不完全是因为他们的天赋和才能,而更多的是他们面对生活的态度和方式。他们能够成功是因为,成长型心态是他们成功的特质:热爱学习、愿意寻求挑战、重视努力和付出,以及面对困难时坚持不懈的努力。

在本书的大部分内容中,我已经对成功进行了讨论,其中涉及与个人潜能或其他才能相关的行为表现。尽管这一点很重要,但是它只是成功人生的一个方面。能够拥有一个成功的人生,仅仅有好的行为表现还是远远不够的。还有一些其他因素在起重要作用,其中包括我们自身的幸福感、事业的好坏、人际关系的优劣,以及假如我们已为人父母,我们是否合格等。针对固定型心态和成长型心态的研究,也能从一个成功人生的这些特征中,获得一些有意思的启示。

基于目前我们已经讨论的内容,你会认为,什么样的人会更加自尊自爱,对自己的人生更满足,更加自信呢?是那些有成长型心态的人还是有固定型心态的人呢?我确信,你肯定认为是有成长型心态的人。没错!但是为什么呢?当我们拥有固定型心态时,我们总是在拿自己和他人做比较,看自己是否是一个"有成功特质"或者一个"没有成功特质"的人。这些反反复复的比较,使得我们往往更加倾向于关注自己所欠缺的天赋、别人不同于我们的生活以及对我们来说陌生的行事方式。当我们拥有成长型心态时，我们就会更容易看到我们自己所取得的进步、生活中的各种小确幸、近在咫尺的机遇和我们自己的价值取向。

接下来，让我们了解一下由奥基夫、德韦克和沃尔顿在近期合作出版的一本研究著作。里面的内容直接揭示了心态对我们的事业所能够产生的影响，并间接论及其对人际关系的作用。依照这本书的主题，这些研究者发现，我们看待事业的方式，深刻地影响着我们在事业中的所有行为表现。他们尤其发现，由于那些有固定型心态的人认为他们的天赋、能力和智力是稳固不变的，而且相信只有一种职业是最为适合他们的，所以他们在找到真正的职业热情时，会心生满足。那么，一个有固定型心态的个体，是如何确定他们找到的职业是适合他们的呢？他们的评判标准是这份职业是否来之容易。那些有固定型心态的人认为，如果在获得某个职业的过程中费时耗力的话，那就是在暗示他们，如果继续在这条路上走下去，他们很可能会遭遇巨大的挑战和失败，从而让他们以为，他们需要另谋出路。而当他们觉得自己得到这份职业时无须耗费时力，他们就会一直以为，自己已经找到了最合适的职业，以及真正的职业热情。但是，不久后当他们遇到一些困难，需要因此做出一些努力时，那些有固定型心态的人会迅速认为，这些困境是在说明，他们还没有找到最合适自己的职业和真正的职业热情，从而让他们不愿意继续坚守原职，而不是想方设法解决遇到的困难和挑战。

研究者还发现，有成长型心态的个体看待职业的视角，会与有固定型心态的人有所不同。他们不会认为适合他们的职业只有一种，而是天生相信他们有很多选择职业的机会。由此，他们并不想要找到什么职业热情，而是更多地相信要"培养你的热情"。正是因为他们有这样的认知，当面对突如其来的挑战时，他们不会错误地认为自己在步入歧途。相反，这其实是在提示他们需要为此更加努力地奋斗。

　　尽管研究者并没有做过相关的调查，但是我相信，这些类似的观点同样适用于我们如何处理人际关系。运用上面的原理，我认为，当选择一个伙伴或者伴侣的时候，有固定型心态的人往往倾向于认为，他们需要找到"真爱"或者"灵魂伴侣"，也就是最适合他们自己的人。只要关系是顺其自然，且不费心力就形成的，他们就会想当然地认为自己找到了灵魂伴侣。但是只要遇到关系方面的问题（不可避免的），他们就会错误地认为这些困难和问题昭示着，他们还没有找到灵魂伴侣，他们从此很有可能就分道扬镳。

　　那些有成长型心态的人从来不相信世上有一个人与他们百分百合适。他们觉得，一段成功的关系不取决于彼此是否合适，而是随着时间的推移，个体是否在这段关系中有持续的情感投入。他们意识到，每一段关系都有其挑战性。当困难出现时，他们并不会就此认为是彼此不合适，随后就一别两宽，而是认为他们需要在关系中投入更多的情感，并为维系关系付出更多的努力。

　　在阅读了这个研究后，我终于明白，那些有固定型心态的人似乎都只是希望在他们的职业和关系中遇到最少的阻抗，而那些有成长型心态的人很乐意接受各种各样的挑战。正是这种差异性，导致那些有固定型心态的人最终处在职业的最底层，无法很好地判别身边的有利因素。而那些有成长型心态的人最终能攀上职业顶端，从而尽享周围有利于自己的一切条件。

我想要和你们分享一个与父母教养有关的有趣研究。我认为，所有父母都希望孩子能够成为最好的，其中包括希望自己的孩子能够学业出众。教育研究者本杰明·马瑟斯（Benjamin Matthes）和海德伦·施托格（Heidrun Stoeger）发现，父母的心态影响孩子的心态。他们和孩子的相处方式与孩子的学习以及孩子最终是否学业有成都有千丝万缕的联系。人们将有成长型心态和有固定型心态的父母放在一起做比较，结果发现，当父母拥有成长型心态时，他们的孩子更可能发展出成长型心态。他们鲜少刻意地规范孩子做作业的行为习惯或者要求孩子依照惯例行事，他们不大会陷入家庭冲突，他们的孩子也更可能取得优异的学习成绩，这一点也许并不意外。

作为一名家长，这点发现让我们彻底着迷。我想要做一个能够引导孩子表现优秀的家长，也想在这个过程中与孩子建立一种相互的信任和联结。因此读完这项研究结论，我立志要培养出更多的成长型心态，这样我就能给孩子创造一个让他们可以出人头地的上佳环境。

基于这些研究，有明显证据表明，我们是否相信人可以改变自身的天赋、能力和智力这样的小因素，几乎决定了我们在生活中的每一个重要方面是否能取得成功。

你是否相信人都是可以被改变的呢？你是否对你的学习力和成

长的关心多于你的外在形象？你是否愿意接受挑战，而不是尽力回避它们？你是否认为失败是一次宝贵的提升机会，从而让你可以获得更大的成功？你是否会在遭遇困难时坚持不懈，勇往直前？

假如你对上述问题的回答并不是很确定，那么你是否能发现自己在想要获得生活中最重要方面的成功时未能发挥潜能？你是否能看到自己是如何无视且错失良机的？

妙不可言的是，想要更充分地发挥你的潜能，更好地把握眼前的机会，并不需要你为此付出巨大的努力，而只需改变你看待世界的方式，用改进过的新镜片换掉你现在的镜片即可。我们将在下一章探讨如何更充分地发挥自己的潜能。

工作中的成功

2000—2013年，微软的市场总值一直徘徊在2000亿美元左右，它的股票价格也一直在每股26美元上下浮动。尽管市值2000亿美元仍然不容小觑，但是微软的这种停滞不前还是意味着，他们正把自己的市场份额输给自己的竞争对手。直到2014年即将到来之际，我们都可以肯定地说，微软并没有为未来的成功做好充分的准备。

但从2014年以来，微软飞速发展，他们的市场总值最近攀升到1万亿美元,成为世界上最有价值的四大公司之一。它与苹果(Apple)、阿尔法比特（Alphabet）和亚马逊（Amazon）公司不相上下。它现在的股票价格是之前停滞期的5倍之多。

那么现在看起来，微软公司有没有为未来的成功做好更多的准备呢？当然有！

这和之前有什么不同呢？

有一件事是显而易见的：公司任命了一个新的 CEO。2014 年初期，萨提亚·纳德拉（Satya Nadella）开始掌舵微软。他认为"CEO"里的"C"代表"机构文化的管理者"，这是 CEO 在一个机构里至关重要的角色。改变微软的企业文化是他上任后的头等大事，其核心就是重视成长型心态。

纳德拉于 1992 年加入微软公司，经历了微软迅猛发展和长期停滞两个时期。卡罗尔·德韦克在他写的《终身成长》这本书里，主要讨论了固定型心态和成长型心态[①]。纳德拉读完此书后意识到，微软萎靡停滞的根源是因为公司文化里弥漫着一种固定型心态。他把这种文化描述成"僵化"。"每个员工都试图向别人证明自己更有见识，自己就是这个房间里最聪明的人，身肩责任和义务，按时交付任务，以及客户点击量胜过一切。公司的会议形式正规，会议前必须做到一切完美就绪……公司里的等级制度和人员地位排位森严，导致员工的自发性和创造力都严重地受到损害。"此外，他指出企业的领导团队没有冒险精神，"害怕被嘲笑，担心失败，唯恐自己不是房间里看起来最聪明的人"。

这是对一个更强调形象而不是成长力的公司的形象描述，也是对

---

① 《终身成长》中文版中，其译法为"固定型思维"和"成长型思维"。

一个行将就木的公司的完美诠释。在一种僵化死板、讲究繁文缛节、人心惶惶的环境下，公司如一潭死水，毫无创造力和创新可言。

让我们来看下皮克斯动画工作室。这家公司是地球上最具创造力和开拓精神的公司之一。1995—2019年，皮克斯发行了20部动画作品，其中15部跻身迄今最卖座的50部动漫电影之列，7部影片先后位列票房排行榜前5名。这还不包括迪士尼动漫公司在和皮克斯动画工作室并购后所发行的票房大卖的影片《冰雪奇缘》《疯狂动物城》《海洋奇缘》和《魔发奇缘》。

让皮克斯如此有创造力和收益巨大的功臣就是艾德·卡姆尔（Ed Catmull），他既是皮克斯的合伙人和董事长，也是迪士尼公司的董事长。他认为，他的工作就是"营造和维护一个良好的文化环境，让所有人、事、物在其中得以滋养，以及小心和提防任何有损这个文化氛围的事物……（包括）各种我们通常无法意识到的，任何对公司创造力带来阻力的绊脚石"。

我们从他的经验可以看到，他已经明确地了解到，最妨碍公司创造力的就是固定型心态，对失败的恐惧情绪一直在公司里悄无声息地蔓延。他清醒地意识到，对于大多数人来讲，我们的大脑会被灌输"失败是件糟糕的事"这样的信息，主要是因为我们会相信失败就是一个信号，就是在告诉我们，你不是一个聪明的人。当我们遭遇失败时，内心往往会出现强烈的情绪反应，比如自惭形秽和无所适从。这样的痛苦和想要逃避失败的想法，往往会蒙蔽我们的双眼，让我们无法真正地了解失败对于我们的价值与意义。

明白了这一点，卡姆尔就开始有意识地将领导工作重点放在对公司里成长型心态氛围的建设和维护方面，以此来应对和消除那种恐惧失败的固定型心态给公司造成的不良影响。他帮助皮克斯的员工了解并克服了因为失败而带来的短期情绪问题，让他们清楚地认识到失败所能带来的长期的积极作用。

为何要鼓励失败呢？卡姆尔解释说："尝试新事物时，失败是不可避免的，我们应该将失败视为一个宝贵的财富。没有经历（失败），我们就没有创新。"他继续说："失败，说明你是在学习和探索。如果你不去体验失败的过程，那么你就会犯更严重的错误——你会渴望逃避失败，过度思考失败来回避失败，而这样做往往注定让你一败涂地。"

如果员工的工作环境总是让他们感到内心惴惴不安，抵触失败，他们会规避风险，在探索新领域和拓展新思想时，变得踟蹰不前。他们会更加偏向于选择安全和约定俗成的行事方式，工作就不会具有创新性，也不会对公司产生任何积极的影响。皮克斯明白，如果他们希望自己的员工能够做一些开天辟地的事，做一些真正具有创造性和创新性的工作，让他们敢于大步向前，而不是亦步亦趋，谨小慎微，以及真正给社会带来影响力，那么他们必须创造出一种企业文化，让员工不仅能够坦然地面对失败，而且也要珍视失败的价值和意义。

安德鲁·斯坦顿（Andrew Stanton）证明了这种文化的作用。他是影片《虫虫危机》《海底总动员1》《海底总动员2》和《玩具总动员》系列的编剧和导演。斯坦顿用自己成长型心态的人生观，为失败加入了新的注解。众所周知，他告诉他的团队"尽早失败""尽快犯错"。此外，他认为，如果有人在工作中尝试做一些创造性或创新性的事情，我们不应该坐观成败。其实他们的行为就如同学习骑自行车或弹吉他，稀松平常。我们永远不要指望谁能在学习新本领的时候不摔倒或者不弹错音符。而且，当有人跌跤时，我们永远都不要就此拿走他们的自行车或者吉他。心怀这样的人生哲理，他在团队中创造出的文化氛围，让成员敢于大胆探索，应对难题，成员个个都充满了创造力和能量。

对失败的态度、接纳和适应，就是在灵活应对失败。它不仅对机构和团队具有意义，对于个人也不例外。

我们再看一下彼特·道格特（Pete Docter），他是《怪兽电力公司》的导演。道格特开始拍摄这部电影时，除了约翰·拉塞特（John Lasseter）导过皮克斯的影片之外，没有人有任何经验。因此道格特所冒的风险是很大的，大家对他都高度关注。

我们知道，《怪兽电力公司》是一个关于3个怪兽之间爱的故事：一个大蓝怪兽萨利（Sully）、一个独眼绿怪兽迈克（Mike）和一个大胆地蹒跚学步的幼年怪兽波（Boo）。最初的电影构思是讲述一个30岁的男人如何应对一帮令人毛骨悚然的怪兽的故事，是与现在完全不同的电影情节。

是什么让《怪兽电力公司》最后的成品变得与最初的构思如此迥异呢？简而言之：失败。道格特和他的团队在找到电影的拍摄方向之前，有那么几年走了很多弯路。每一条弯路都让他和团队承受了巨大的压力。然而，道格特一直坚信，如果没有不断的实验、测试和反复评估，他们就无法确切地知道如何最好地呈现电影的核心思想。道格特意识到，当你在开辟新领域时，探索的过程尤其重要。他从来不认为，一个失败的方法就意味着他们应该就此放弃。他反而觉得，每一个想法都有助于他们做出正确的选择。卡姆尔说过："当人们认为实验是有必要且富有成效的，而不是在无谓地浪费时间时，他们就能享受他们的工作，即使这项工作令他们感到有一些的惶恐和不安。"因为道格特具有成长型心态，所以他不会故步自封，固执地坚持自己最初的想法。他相信，他和他的电影可以成为更出色的作品，能更好地捕捉和传达他的核心理念。因为他的灵活思维，《怪兽电力公司》成为今日大众喜爱的家喻户晓的动画片。

从执掌皮克斯到后来的迪斯尼动画公司，卡姆尔总结了我们应该以怎样的心态应对失败：

> 尽管失败令很多人心生恐惧，但是我认为，我们更应该担心与之相悖的处理方式。太过于抵触风险，会让很多公司不再勇于尝试创新，拒绝新思想。这是让公司走向衰败的第一步。或许很多公司开始走下坡路都缘于此，而不是因为他们敢于突破疆界去冒险创新。要想发展成一个真正有创造力的公司，你必须开始做一些可能会让你失败的事情。

纳德拉接管微软公司时，微软正好也是处于这样的状态：开始走向衰败。纳德拉看出了问题,觉得需要做一点儿什么来挽救公司当前的局面。

为了帮助公司员工从固定型心态转变为成长型心态,纳德拉宣布,公司应该开始专注于员工可以"学习一切",而不是"知道一切"。为此,他提出了一个推动成长型心态的任务声明:"让地球上的每一个人和每一家公司都能获得更大的成功。"多么伟大的誓言!它让领导者和员工们有了远见卓识,让他们能够自发地提出这样的问题:"我该如何帮助他人成长呢?"

显然,这种对公司投入新的关注,不仅给公司带来了巨大的物质财富,也带来了更多的精神财富。

领导力上的成功

你有没有听说过 CEO 综合征?当一个人的事业开始蒸蒸日上,职位节节攀升时,他就会开始变得缺少自知之明,这就是所谓 CEO 综合征。他们会越发觉得自己无所不能,被一群言听计从的人围绕,而且对异己分子往往会表现得粗鲁无礼。

CEO 综合征在领导者和管理者中有多么普遍呢?现实中能力不尽如人意以及不善管理的领导者比我们所知道的多得多。下面的两组数据恰恰说明了这一点:

- 40% 的美国人认为老板"很坏"。

- 75%的员工报告，让他们在工作中感到最糟糕和最有压力的事物，就是他们的老板。

尽管这些数据可能会令我们感到很不适，但是令我感到惊奇的是，当我在和领导者一起培训和工作的时候，他们都会有同样的说法：他们在竭尽所能地让自己做到最好。我相信他们所说的话。但我好奇，这么多的领导者是如何做到竭尽所能却都不约而同地让他们的行为如此无效，甚至具有一定破坏性呢？

问题的答案就是，他们的心态问题。领导者的消极心态会驱使他们的思考和行事的方式看似合乎逻辑，但是实际上具有破坏性，从而有了上面的那些负面数据。

让我们回看前面的艾伦。如果你还记得，艾伦在他的机构中遇到了员工频繁流动的问题。那些离职的员工，或者在某些情况下被迫离开的员工，都对艾伦作为领导的失职做出了回击。也就是说，他们都不是对领导俯首帖耳的人。在外人看来，艾伦显然是更加喜欢自己被员工众星捧月的感觉，但是一旦员工对艾伦的一些决定提出改进的想法，或者反对意见，他就有一种自己地位不保的危机感。但是艾伦的固定型心态，并没有让他清楚地看到这个问题。他却认为他的行为是在"铲除杂草"和"创造一个有凝聚力的团队"。他会采取一些看似积极的行动，让他自己感觉良好。但结果是，他大大地限制了公司的发展，进一步增加了公司的员工流动成本，甚至在公司里营造出了一种情绪消极、人心惶惶的文化氛围。正是他的固定型心态蒙蔽了他的双眼，让他无法看到自己的行为才是导致公司运营出现大问题的真正原因。

尽管本书里的每一种消极心态大多会导致一个人变得盲目和独断专行，但固定型心态或许是造成领导失职的一个主导性的普遍因素，尤其在高层领导中。我对两个大型机构的调查证明了这一点。第一个是财富排行第10的机构，在130个主管中，拥有固定型心态的领导比例高于拥有另一种最普遍消极型心态的领导20%；第二个机构是欧洲最大的电信公司之一，在这个机构的263个主管中，55%的人都有固定型心态，比拥有另一种最普遍消极型心态者要高出10%。

或许，这会让你十分的好奇：

- 为何在领导者中，固定型心态会如此普遍呢？
- 为何对于领导者来说，有固定型心态会有如此大的破坏性呢？
- 为何拥有成长型心态的领导者是如此宝贵呢？

为何在领导者中，固定型心态会如此普遍呢？记住，那些有固定型心态的人最关注的事是，保全自己的形象，因为他们不相信自己可以改变天赋、才能和智力。领导者往往会意识到，大多数机构和社会组织都希望领导者能有积极进取的表现。因此，当居于高位时，大多数领导就自然而然地感受到了来自社会和文化方面的压力，所以他们需要一直不断地向人们展示出自己最好的一面，甚至做任何事都要做到万无一失。于是为了保持这样理想的形象，他们渴望能够操控他们所管理的一切人和事。

如果领导者没有意识到这一点，这种想要掌控的压力和愿望就会带来两个不好的结果。首先，他们会因此形成固定型心态，这就是CEO综合征的开始。其次，假如已经有了固定型心态，那么他们心态所造成的消极影响就会被放大，从而导致CEO综合征生根发芽。

为何对于领导者来说，有固定型心态会有如此大的破坏性呢？为了回答这个问题，我们先看一下管理学者是如何定义高层人物理论的。它的基本前提是，一个机构的高层领导者关注什么和重视什么会对他们处理信息、制定决策，以及机构的最终发展与成功产生影响。那么又是什么决定了领导者的关注点和处理信息的方式呢？不出所料，是他们的心态。这个理论在暗示，仅仅一些高层领导者的心态就能对机构的成功产生超乎寻常的影响。这是因为高层领导者的心态决定了公司的关注点是关注形象还是关注学习和成长，从而对公司所能取得的成功大小产生不可预料的影响。

由此可见，当一家机构的领导者拥有固定型心态时，他们通常会对他们的机构产生巨大且消极的影响。由于他们过度地追求保持个人的良好形象，希望自己在他人眼里是一个"有成功特质的人"，他们就会首先下意识且不断地证明他们的优越和优秀。这就使得他们更加顽固不化，将个人的欲望完全凌驾于公司之上，只想保全自我的良好形象，而不会真的想让机构得到积极有效的发展。

以一个有固定型心态的领导者李·艾柯卡（Lee Iacocca）为例，让我们看看固定型心态是如何在他身上起到消极作用的。1979—1992年，艾柯卡是克莱斯勒汽车公司董事长兼CEO。他因为超级自大的性格而闻名，最开始被誉为所向披靡的英雄，因为他重塑了克莱斯勒的公司形象，让公司起死回生（尽管之后大家才得知，克莱斯勒公司之所以能够重整旗鼓，更多的是得益于政府援助，以及一些对日本进口产品的限制措施）。

商界人士的评论认为，艾柯卡的自大、明星力量以及其自称为英雄的热销自传改变了美国商业圈里的领导风向，并产生了消极影响。艾柯卡出现之前，美国企业的CEO从整体上看，都是一些中规中矩的人物，平淡乏味且毫无个性可言。但是由于艾柯卡的成名和成功，CEO都变成了美国的超级英雄，可与名流相提并论。

《从优秀到卓越》和《基业长青》这两本书的作者吉姆·柯林斯（Jim Collins）说过："20世纪80年代，针对CEO的形象，社会上的媒体和文化都发生了翻天覆地的变化。造成变化的一个标志性事件就是艾柯卡自传的出版。那一刻昭示着，一切都不同了。"CEO被视为英雄的神话时代从此开启，所有的公司都希望拥有自己的艾柯卡。

美国有些评论员指出，如果没有艾柯卡，乔布斯和马斯克这样的人也不会被奉为偶像。事实上，美国 *Slates* 网络杂志的詹姆斯·索罗斯基（James Surowiecki）认为："如果没有艾柯卡，我们今天也不太可能谈论安然公司和世通公司。"

如果你看过艾柯卡自传的封面，你就会感到他是一个有固定型心态的人。他斜靠在自己办公室的椅背上，穿着衬衫，打着领带，双手放于脑后，摆出一种极具力量的姿势。显然，艾柯卡想要让自己被看成是一个运筹帷幄的领导者。

克莱斯勒公司在他的领导下，不断地展示并证明他是一个优秀且"有成功特质的人"。他更注重提升自己的形象，而不是克莱斯勒公司。这一点在很多方面都得到了证实。在公司内部，克莱斯勒的人都打趣说，艾柯卡主张"我永远是克莱斯勒公司的董事长"。而且在公司外部，有目共睹的是，他将大把的运营公司的时间和资源放在了提升自己的公众形象上——一切都是为了增加克莱斯勒公司的股票市值，而没有足够的时间来仔细地考虑公司的长远利益。比如，他一直主张压低员工的收入，而且对于那些有助于生产量增长的投资也是缩手缩脚，但是同时，他投入近 200 万美元重新装修位于纽约华尔道夫大厦的办公套房。

当克莱斯勒最初开始挣扎着东山再起时，有事实证明了艾柯卡的固定型心态给公司带来了巨大的破坏。当时股东对克莱斯勒的表现很不满意，艾柯卡则是处处推卸责任，而不是主动地承担责任和找出问题的真正根源。当日本汽车生产商（比如丰田和本田）开始占领美国市场时，艾柯卡并没有思考如何提升克莱斯勒的汽车质量，而是和里根政府一起，对日本进口汽车施加了更多的关税，进一步减少进口配额，以期限制日本的汽车生产。《纽约时报》对此行为批评道："解决问题的根本在于，要在本国生产出更好的汽车，而不是迁怒于日本汽车生产商。"

对于艾柯卡任职克莱斯勒 CEO 的这段时间，柯林斯明确批评了艾柯卡这种由固定型心态所主导的个人欲望，以及只想保护自己，而不关注机构的成长的行为：

> 艾柯卡把克莱斯勒公司从死亡边缘拯救了回来，这成为美国商业历史上最著名的（应该是名副其实的）的转型之一。克莱斯勒汽车的市值在艾柯卡任职的一半时间里就上升了 2.9 倍。然而在这之后，他转而致力于让自己成为美国商业历史上最有名望的 CEO 之一……艾柯卡会定期出现在诸如《今天》和《拉里·金直播》之类的脱口秀节目中，他参加过超过 80 个由自己主演的商业广告，想要玩票性地参与美国总统竞选（引用他在某个时刻的话，"管理克莱斯克公司比管理一个国家还要艰巨……我可以在 6 个月里搞定全国经济"），以及广泛推销他的自传（卖了 700 万本）……艾柯卡的个人股票飙升，但是在他任期的后半部分时间里，克莱斯勒的股票比整体市场落后了 31%。

艾柯卡的固定型心态所呈现的例子屡见不鲜。研究者在衡量 CEO 是否将焦点放在个人形象以及关注自己是一个"有成功特质的人"，主要根据两点：第一，他们的薪酬比排名第二的高管高多少；

第二，公司年报里 CEO 照片的大小，这通常是 CEO 决定的。研究者发现，薪酬越高、年报里 CEO 照片的尺寸越大，这些 CEO 就会越妄自尊大，也就越可能做出一些粉饰太平的事情。

德韦克总结了固定型心态的消极影响。他声称，对于有着固定型心态的领导者，他们的一贯行事做派就是"指责他人，掩盖错误，抬高股价，打击对手和批判者，以及蹂躏小人物"。让事情更糟的是，由于他们的固定型心态，这样的领导者认为，他们这些一贯的行事作风是最好的工作方式。

为何拥有成长型心态的领导是如此宝贵呢？成长型心态能让领导对其组织和机构本身的重视和关注程度大于其自身的形象。有成长型心态的领导会在 4 个方面和有固定型心态的领导表现不同，从而给他们的机构和组织以及员工创造一个非同一般的发展天地。

首先，那些有成长型心态的人会十分注重成功的必备条件，而不是只在乎自己的外在表现或为了证明自己，即使个人形象可能会因此受损也在所不惜。从长远看，他们因此所做出的决策会对公司有利。安妮·马尔卡希（Anne Mulcahy）就是一个很好的例子。2001—2009 年，她是施乐公司的董事长兼 CEO。她领导下的施乐公司，在整个企业界，堪称是一个传奇。她帮助施乐公司成功渡过了濒临破产的经济危机并在短短的几年内起死回生，收益增长。《财富》杂志称她为"郭士纳（Lou Gerstner）之后又一个最令人瞩目的、能够力挽狂澜的商界人士"。

马尔卡希最初成为施乐公司 CEO 时，她并没有着手做一些有利于自身形象的事情，而是做了一些能让公司取得成功的必要努力，即使有些行为并不一定能够给她带来最正面的形象。比如，为了更好地了解公司、了解她的决策如何影响公司的底层，她会在周末把许多厚重的活页文件夹带回家仔细阅读，就好像周一早上她要参加期末考试似的。她甚至找人教她读懂资产负债表。诸如此类的行为并不一定显示了她是一个最有能力和合格的 CEO，但是她让人看到的是，她更加关注如何提升公司的竞争实力，而不是保全自身的良好形象。这让我十分好奇，多少有固定型心态的领导会允许自己向别人学习读懂资产负债表。

其次，那些有成长型心态的人，不会因为自己的行为而推卸责任或者欲盖弥彰（保护自我形象），而是能够挺身而出，勇于承担责任，公司才可以因此而得到积极的改变。敢于为错误或者失误承担责任，虽然不一定能让领导在那一刻的形象保持完美，但是如果领导者没有这样的行为，公司就注定会错失良机。

刚才我们说到，马尔卡乔是"郭士纳之后的又一个最令人瞩目的能够力挽狂澜的商界人士"，那让我们看一看到底是什么让郭士纳如此成功的。郭士纳自 1993 年 4 月至 2002 年担任 IBM 公司的董事长兼 CEO。在他任职期间，他带领一个在 1993 年亏损额（80 亿美元）达到美国企业史上最大的公司，经过巨大的结构调整，公司市值在他 9 年的任期里，从 29 亿美元飙升至 168 亿美元，这是一个多么惊人的改变！而在那时，如此规模巨大的公司结构调整甚至都不算什么，更重要的是，IBM 彻底改变了它的商业模式，从之前以电脑主机为主的业务公司，发展成一个整合信息技术处理的公司。

不像艾柯卡，郭士纳并没有将IBM的失利怪罪于外部的市场环境，也没有致力于获取更多的公众影响力。因此，他能够解决给IBM带来重创的根本性问题。由于IBM在电脑的市场份额争夺战中惨败给微软、惠普和苹果，郭士纳迅速将导致生产率下降的问题定位于公司内部（很可能是由于领导有着固定型心态）：追名逐利和争权夺势。他通过大幅度的裁员来精简公司的组织结构，废除管理委员会（IBM执行官的终极权力机构），以开放的心态接纳外部合作者的建议，以及解雇那些喜欢玩弄权术和阴谋诡计的人。他为企业创造了一个成长型心态的文化氛围，让员工共同关注自身的学习、发展和进步，最终让公司的市值增长了6倍。

再次，那些有成长型心态的人，会物色、寻求那些能够挑战自己的人，而不是对他们加以防范。有成长型心态的领导会经常说："我尽量雇用比我更聪明的人。"即使这样做会招来抵制和批评的声音。但利用这样的方式，有成长型心态的领导能够时刻意识到自己的不足。他们不会像有固定型心态的领导去隐藏自己的弱点，而是聘用能够克服这些弱点的员工，让公司的优势、技能组合和实力能保持一种更为健康的平衡状态。

卡姆尔就是这类领导者的典型。在接掌皮克斯之前，卡姆尔就开始意识到，面对突破技术界限的挑战，如果他想要他的组织和团队获得成功，他就需要雇用一些比自己更聪明、有更高资质的人。事实上，在他第一次有机会执掌一家机构以及组织一个团队时，他面试的第一批人中,有一个已经是一位成熟的领导,有着光鲜夺目的个人履历,他就是匠白光(Alvy Ray Smith)。卡姆尔承认:"当我遇见匠白光时,我的内心是矛盾的。因为坦白地说,他看似比我更有资格领导实验室的工作。我仍然记得当时我胃部的不适,我感到被一种潜在的威胁所刺激,那个地方在不自觉地抽搐。我想,这个人可能有一天会取代我的工作。但无论怎样,我还是雇用了他。"卡姆尔的成长型心态让他有能力让自己的机构更上一层楼,而不是只图自保。他知道,为了保障实验室的工作能够取得更多更大的成功,他就需要吸引有更为敏锐头脑的人来为他工作。这也就意味着,他要将自己的内心不安感抛诸脑后。

想一想,卡姆尔从他早年的职业生涯中吸取了怎样的经验,这是只有在成长型心态下才能实现的:

> 从那时起,我就已经制定了一个政策,尽可能雇用比我聪明的人。这些出类拔萃的人才显然给了我可观的回报,他们的勇于创新、技术过人让公司乃至于你自己都能表现优异。但是还有一个不怎么明显的回报,那是在我回顾过去时想到的。我雇用匠白光的行为,也改变了作为一个经理的我:由于我无视自己内心的恐惧,于是我明白了,恐惧纯属无稽之谈。这么多年以来,我遇见很多人选择了更安全的行事方式,但得到的回报甚少。对我来说,雇用匠白光是一次冒险,但我赌他是一个才智过人、忠于职守的队友,能带给我最大的回馈。我在读

> 研究生时就想过，我如何才可以复制研究生课程学习的环境呢？现在，我恍然大悟：永远把握成长的机会，即使它看似令人忌惮。

最后，有成长型心态的领导不会只关注他自己的进步，而是会帮助他的属下成长。这是因为当一个有固定型心态的领导认为他的员工无法提升他们的天赋和聪明才智时，他就没有理由为了帮助他们成长而投入更多的时间、精力和资源。只有那些有成长型心态的领导才会愿意为了员工的进步投入时间、精力和资源。

其实，在一次特殊的研究中，皮特·郝思林（Peter Heslin）、堂·范德瓦勒（Don VandeWalle）和加里·莱瑟姆（Gary Latham）发现，有成长型心态的管理者能给员工大量的高质量的反馈。而且，那些有成长型心态的管理者会更乐意培训一个表现不那么令人满意的员工。有固定型心态的管理者反之，他们更可能会对这种员工弃之不顾。换句话说，当一个有固定型心态的领导感觉另一个人的表现不能如他所愿时，他就会让此人没有机会追究其行为不佳的原因（比如没有所需要的材料或资源），然后无视或者搁置问题。

由于有成长型心态的领导会将注意力主要放在学习和成长上，而不是为了维护自身的形象，他们就不会想如何保护自尊心。因为他们觉得没有必要证明和展示自己高人一等的能力。这让他们将时间和资源放在所需要的地方，以及他们员工的成功表现上。

总结

让人惊叹的是，像人们用来看世界的透镜那么小的事物就能对生活、工作和领导力等方面的成功产生举足轻重的作用。

现在，让我们来培养和发展一种强大的成长型心态吧。

第 8 章

如何培养成长型心态?

> 人类共同面对的问题,不是我们没能实现高远的目标,而是我们实现了唾手可得的目标。
>
> ——无名氏

在前面的章节里,我重点说过曼泽尔的故事,以及他的固定型心态如何影响了他的思考、学习和行事,从而导致他无法好好地发挥自己的橄榄球天赋。20 世纪 80 年代,另一个运动员的经历和他如出一辙,但是这位运动员却在后面的人生中发展出了成长型心态,让他真正改变了棒球运动。他通过运用数据分析和预测,可以更精准地评估棒球运动员的价值,现如今所有的棒球队都在效法他的做法。这位运动员就是比利·比恩(Billy Beane),如今是奥克兰运动家队(Oakland Athletics)棒球运动的执行副总裁。畅销书《魔球》和热门影片《点球成金》都是关于他的故事。

在圣迭戈附近的卡梅尔山上高中时，比恩就一直受到专业球探和球队的青睐。他是一个真正天生的"五拍子球员"：在平均打击率、击打力、跑垒、投球和守备方面都很出色。他曾经是来自南加利福尼亚州最优秀的高中棒球手之一，这个事实说明了一切。

比恩是一个全能型优秀运动员。他不仅在棒球场上出类拔萃，还是一个篮球明星和橄榄球球员。同时，他高中 GPA 分数（平均学分绩点）达到 4.0。斯坦福大学为鼓励他参加棒球和橄榄球运动（取代埃尔韦的四分卫，他准备进驻美国国家橄榄球联盟明星队），给了他双重奖学金。他是 1980 年 MLB（职业棒球大联盟）选秀中最受期待的新人之一。纽约大都会队考虑在第一轮选秀中就将其收入，但是由于大家以为他会加入斯坦福队而不会签约职业队，所以大都会队在第 23 轮选秀时才将其纳入麾下。

不幸的是，尽管比恩天赋异禀，但是他有固定型心态，这让他在经历失败时无法做到坚持不懈。在棒球运动中，失败乃兵家常事。如果平均上垒率大约是 0.32，意味着一个投球员只有 32% 的触垒机会。在《魔球》一书中，迈克尔·刘易斯（Michael Lewis）写道："这不仅仅是（比恩）不喜欢失败的问题，而是他不知道该如何失败的问题。"对于每一次出局，无论是一次重击线还是三振出局，比恩都会就此认为自己是一个失败者。一个人总以为自己有某种固定的天赋，他就会将失败铭记于心，从而侵蚀自己的自信。

可惜的是，比恩的固定型心态从来都没有让他发挥出自己的运动天赋。他职业生涯的大部分时间都在服役于一些无足轻重的小联盟队。他从大都会队跳回明尼苏达双城队、底特律老虎队和奥克兰运动家队。1990年，因为厌倦了之前的生活，比恩要求换一份新的工作，为奥克兰运动家队做球探。3年后，他被晋升为总经理助理。1997年，他成了奥克兰运动家队的总经理。

在比恩做总经理助理时，奥克兰运动家队改换门庭。随着1995年的易主，原来奥克兰运动家队在队员身上耗费的资金数额在职业棒球大联盟中居于前列，现在却一落千丈。由于没有预算可以支付给最有天赋的运动员，比恩很难组织一支所向披靡的棒球队。

这也是比恩的心态开始转变的一年。因为无法很好地解决奥克兰运动家队的球员薪水问题，于是比恩设计了一个球员选拔体系，重在强调球员场上的有效表现，而不是遵循传统模式，即球员的天赋。正如德韦克所说："他们没有花钱购买天才球员，他们只是更新了思维和心态。"

2002年，比恩运用成长型心态对球队进行的改革试验取得了成效。尽管奥克兰队给球员的薪水在业界排名倒数第二，但是他们球队在那一年获得了103场比赛的胜利以及赛区冠军——其中一段时间连胜20场。

毋庸置疑，这样的成功引起了轰动。从此，MLB球队开始像比恩那样使用数据分析来挑选球员，以及指导球员的比赛（比如如何安排击球员的出场顺序、他们在球场上的位置），以至于真正地改变了棒球比赛的管理方式。

你的心态是有可能改变的

每个人都可以通过改变心态获得更大的成功。研究者乔舒亚·阿伦森（Joshua Aronson）、卡丽·弗里德（Carrie Fried）和凯瑟琳·古德（Catherine Good）发现，只是让学生写出如何努力学习而无须管他们所遇到的困难（这个方式可以培养成长型心态），他们在学校的表现和参与度就会比那些不求思变的学生有更多的提升。研究者一再印证，诸如此类的小练习对一个人的态度和行为所产生的重要影响会持续 6 个星期之久。

为了充分掌握改变我们心态的方式，我们最好回顾一下与心态相关的认知科学。我们的心态就是我们前额叶皮质里的神经连接，前额叶皮质比其他神经连接更加强大、反应更迅速。随着时间的推移，这些快速反应的神经连接会让我们迅速地以可预测和重复的方式来处理信息。

这就意味着，当我们谈论改变心态的话题时，我们就是在讨论重新连接我们大脑的神经，或者更具体地说，就是重置我们大脑里的神经连接。为此我们必须减少消极心态型的神经连接对我们的影响，而要加强积极心态型的神经连接。

我们要谨记：神经元是相互交织和相互作用的。因此我们都有必要训练大脑进行积极心态型的神经连接。

这种大脑重组的过程，就像是用一种外语流利地从 1 数到 10。这首先需要你能协调一致地学习和每个数字相关的单词，然后在此基础上逐步有目的性地每天用一种新的语言来练习数数。经过几周的训练，我们就能够渐渐自然而然地学会用一种新的语言从 1 数到 10。可见，我们也可以重构我们大脑的神经连接。

那些有固定型心态的人，在改变和提升他们的心态时，要面对一个挑战，那就是他们不认为人们可以重组大脑的神经。德韦克基于自己经历过的从固定型心态到成长型心态的转变写道："我意识到为何我会一直如此关注错误和失败。我第一次明白，我其实是可以有其他选择的。"重组大脑的神经连接以及改变固定型心态就是在做出一种选择：相信我们可以被改变。

为了提升这样的信念，我们需要了解和学习大脑到底有多大的可塑性，而 TED 环球会议和 TED 演讲就是一个很棒的学习途径。我推荐诺曼·道伊奇（Norman Doidge）的著作《重塑大脑，重塑人生》。以下是对该书的一段描述：

> 一个被称为神经可塑性的惊人的科学发现正在颠覆几个世纪以来的传统观念，那就是人类的大脑是可以被改变的……我们看到：一个女性出生时仅有半个大脑，但大脑可以进行重组而完整地运作；盲人可以学会看世界；学习障碍者可以得到治愈；智商可以被提升；退化的大脑可以恢复活力；中风的患者可以学会说话；脑瘫儿童可以学会更加灵活地行动；抑郁和焦虑症可以被成功治愈；毕生的性格特质可以被改变。通过这些不可思议的事情，道伊奇博士对人体、情感、爱、性、文化以

及教育进行了探索,写出了一本令人无比动容和鼓舞人心的书。它将永远改变我们看待大脑、人性以及人类潜能的方式。

一旦我们相信自己可以改变我们的心态,那么我们就有了了解心态的动力。

第一步:辨别固定型心态/成长型心态

读到这里,你或许还是对固定型心态或者成长型心态一无所知。如果你对这些心态的特点没有基本的认知,那么你就无法很好地进行自省,提升自己的心态。

一旦你对心态的特征有了基本的了解,你就能将其具体化。你可以对它们进行评估、关注和调整。能够识别心态的类型,并且了解具体的心态特点,是改变心态过程中最重要的组成部分之一。现在你就可以整装待发了。

在对心态有了基本认知后,你就可以开始辨认与每一个心态相关联的特征。了解这些特征的线索可以帮助你更加充分地意识到,你的固定型心态或者成长型心态在你的生活中所扮演的角色。

一个固定型心态具有的显著特征:

- 认为需要证明自己的聪明才智或者优越性。
- 重视地位、等级和掌控力。

- 畏难怕事。
- 更重视如何辨别和雇用高级人才，而不是培养现有的员工。
- 当事态变糟时，总是怨天尤人，推卸责任而不是敢于担当。
- 期望能有获得权势的机会。
- 将他人分成两类，"有成功特质的人"和"没有成功特质的人"。
- 总想让自己高人一等。
- 更喜欢雇用言听计从的人，而不是那些能提出新颖且独到见解的人。
- 认为自助类图书或者其他的学习机会都是在让人自惭形秽或内疚。
- 如果不能轻而易举地完成一项任务，就会迅速对此失去兴趣。
- 在没有做到自己预期的出色表现时，感觉自己想要"出局"。
- 当收到建设性的批评时，会容易出现防御行为。
- 在选择做驾轻就熟的事，还是选择做能促使学习进步的事时，通常会坚持选择前者。

一个成长型心态具有的显著特征：

- 对于能够让他们学习和成长的挑战和机会，感到激动和兴奋。
- 试图打破地位和等级障碍。

- 更多地重视培养人才，而不是雇用顶级人才。
- 能够被临危受命。
- 寻求可以分享权力的机会。
- 相信人人都有机会获得成功。如果没有成功，他们希望知道自己缺乏哪些资源（而不是缺少哪些天赋）。
- 喜欢和那些可以给自己指教、补足自己在某些方面缺陷的人一起共事。
- 认为自助类图书或者其他的学习机会都能让自己感到活力四射。
- 如果不能顺利地达到某个目的，乐意为此更努力地尝试和付出。
- 他人的成功能让自己感受到力量。
- 愿意接纳和探索建设性的批评。
- 在选择做驾轻就熟的事，还是选择做能促使学习进步的事时，通常会坚持选择具有挑战性的任务。

第二步：意识到你当下的心态

有了对不同心态及其特征的了解，你就可以评估和觉知自己当下的心态。如果你还深陷匿定型心态，那就说起来容易做起来难了。让我分享一段我最近和一个大学校长的对话。一天清晨，我收到一封邀请邮件，让我为大学的领导团队组织一个领导力发展会议，其中包括大学校长和8个副校长。这封邮件说明，他们想要进行某种形式的自我评估。我猜测他们是因为关注了我的心态评估，而且有兴趣接受测试。我询问了更多的信息，然后附上了一些我的心态评估资讯。

几个小时后，校长给我打来了电话。她告诉我，她想让我给他们做一个团队建设的练习。她又说，她认为他们不需要讨论心态的问题，因为他们"对固定型心态和成长型心态都了如指掌"。随后，她又说了每个心态的利弊，但她的话似乎又从侧面给我透露了一个信息：她或许并不如她所认为的那样清楚这些心态的内容。

我询问了她想要组织团队建设练习的目的。

她告诉我，她所在的大学正在经历一段艰难时期。她列出了他们正面临的许多问题，其中包括：

- 各种外在因素导致招生人数的下降。
- 3个新领导让各个部门感到不满。
- 许多新的举报和投诉。
- 全体师生团结起来举报管理层。

由于存在这些问题，她和学校的其他领导感到，他们正在整个大学里四处"救火"。她希望通过一次会议帮助他们重建团队。在这种混乱的情况下，这不失为一次积极有效的体验。

我问她："你的团队成员关系如何？他们是否合作得很好？"她

回答道:"是的,这个领导班子是我13年任期里最好的一个。"

为此我略有困惑,总结道:"你们学校正面临的诸多问题,看似与心态有关。你不去解决这些心态方面的问题,而是要给一个你认为合作很好的团队开一个团队建设的会议?"

显然,我们之间没有达成默契,所以我决定挂断电话。我认为,她不喜欢我暗示她和她的领导团队需要提升领导力和心态,因此在挂上电话前,她给我一记重击,她说:"我的助理让我告诉你,你的开价太不合理了。"我不禁笑了,因为我给的报价几乎是我标准价格的一半,何况他们还是美国学费最昂贵的大学之一。

尽管大学校长说她"知道"固定型心态和成长型心态,但是她并没有意识到自己的固定型心态让她在回避和逃避问题,让她不愿意接受学校其他人或者我的意见和反馈。我感到疑惑的是,她认为她的领导团队是她任期里最棒的,是否因为里面都是一些唯命是从的人,都在维护她的领导地位,而不愿做出有悖于她的反抗。

如果不能准确地了解我们当下的心态和背后的寓意,我们就没有动力提升我们的心态。

首先,向内自省。你要反观自己在多大程度上重视自己的外在形象,以及需要证明自己和自己的天资、才干。你要学会并熟练地掌握上面所罗列的心态特征,当你的生活中出现那些特征时,就对照特征来确认所发生的事情和你当下的心态状况。

其次,如果你还没完成个人心态测试,可以到前文提到的网页上进行测试。这将帮助你了解,与其他上千的测试者相比,你拥有的固定型心态或者成功型心态的程度高低。

最后，向外探索。这或许是最艰难的一步，却是在确定你的当下心态时让你觉得最受益匪浅的。找个时机询问你身边的人，可以是同事和朋友，他们是否认为你有固定型心态或者成长型心态，他们是如何从你的行为举止中识别出你的心态，以及你的心态是如何影响你的言行的。

第三步：确定你的目标，制定你的改变路线

一旦清楚当下的心态，即你的起点，你就可以确定你想拥有的心态，即你的目标。了解了你的起点和目标，你就可以为提升自己的心态制定你的奋斗路线了。

这是一个关键时刻。你需要费尽心思，步步为营地转换你的神经连接，让成长型心态的思维模式主导你大脑神经的运作。正像学习流利地使用另一种语言数数一样，你需要有针对性地进行重复训练，转变心态的方式也可如法炮制。

这个过程不是一蹴而就的。当我们面对一个挑战的时候，我们的认知就很容易跳回原来固定型心态主导的思维模式，并且迅速地启动大脑中老旧的神经连接。此时，我们不要立刻回击，而是必须让自己放慢行事的节奏，让自己更有意识地、审时度势地做出回应。

专家们研究发现，提高我们觉知能力的最好方式之一就是冥想。几年前，我从来没有做过冥想，觉得那是一种很弱智的练习。但是在

我深入了解影响我们心态的神经科学后，我看到越来越多的研究都在对冥想的好处大加赞扬。事实上，人们的研究已经发现，冥想真的可以给很多人带来以下益处：

- 减少走神。
- 有助于在竞技活动中集中注意力。
- 提高保持专注的效率。
- 提高处理和回应新信息的能力。
- 提高创造性、发散性、聚合性思维力以及解决问题的能力。
- 有助于减少对负面压力源的过激反应，以及更好地处理压力。
- 有助于对目标或建设性反馈做出更积极的反应。
- 加快负面情绪的纾解。
- 有助于与工作保持一个健康的心理距离。
- 有助于更好地处理信息，行事更为理智。
- 有助于保持更积极的情绪。
- 有助于发展更积极的人际关系。
- 有助于和他人进行高品质的交流（倾听、高觉知以及较少的评判）。
- 有助于拥有更好的共情力、悲悯心和自尊。
- 有助于更有效地处理和解决冲突。
- 有助于更精确地了解自己身处的环境，很少受内在偏见的影响。
- 有助于创造一个感到安全的内心环境。
- 有助于提高工作满意度。
- 有助于在面对挫折、冲突或者失败的时候，更能保持内心的平静。
- 有助于乐于接受改变。
- 有助于在工作中更有目的性。
- 有助于更自发地产生行事的动力（自愿从事那些重要的、有价值的、有乐趣的活动）。
- 有助于提高工作表现。
- 有助于在行为举止方面更加符合社会的道德准则和要求，鲜少离经叛道。

从根本上说，冥想的练习是需要你腾出一些时间让自己充分地体验当下。通常仅仅是关注自己的呼吸，就能让你的大脑意识完全处于当下。这是冥想中最重要的一个方面，但是关键的问题是，你的思想会不可避免地飘忽不定。一旦出现这种情况，你就要马上意识到，大脑在走神，然后继续关注你的呼吸。这种练习就是看着大脑的思绪起起伏伏，从而增强我们大脑超越自然意愿的能力，让我们更有意识地克服引发消极心态的神经连接，对自己的反应有所察觉，行事不急不躁。这一切都是引发积极心态的神经连接在起作用。

总而言之，冥想虽然不一定能真正改变我们的心态，但是它确实可以提升我们改变心态的能力。

我再提供一些将固定型心态转变为成长型心态的具体建议。由于心态的改变需要长时间不断重复的训练，我建议每日轮番练习。一个月左右，你将能灵活地使用新的积极心态。

- 日志。写下一件你失败两次的事——也就是说，你在一件事上失败了，然后由于你没有吸取教训，再次重蹈覆辙。写下你只失败一次的事，这意味着你失败后吸取了教训。写下你人生中接受挑战和成功的所有时刻。有了之前的成功经验，你可以让自己屡战屡胜。

- 阅读和了解更多关于固定型心态和成长型心态的资料。阅读卡罗尔·德韦克的书《终身成长》。我也推荐阅读由珍·辛赛罗（Jen Sincero）写的《你骨子里是个牛人》。

- 针对你需要发展的目标心态，你可以观看相关视频。爱德华多·布里切诺（Eduardo Briceno）做过两个关于这个话题的TED演讲，艾米·珀迪（Amy Purdy）也做过演讲《超越生命的极限》。观看相关的电影，里面的人物都能克服重重困难而直面和战胜挑战，比如《洛奇》《追梦赤子心》《光辉岁月》《十月的天空》和《隐藏人物》。还有尼克·胡哲（Nick Vujicic），他是一个生来就没有四肢的人，作为一个公众演说家，他的很多励志演讲引起了巨大轰动。

- 以小组的形式对固定型心态和成长型心态进行讨论。讨论你或者与你共同生活和共事的人的生活中，最近在哪里见过有这些心态的人？他们的后续发展怎样？在这个过程中，尝试把你所了解的每种心态特征都告诉他们。我发现我在指导别人的过程中收获最大。

第四步：摒弃你固有的主导心态

按照上面的3个步骤来改变你的心态，其实并不难，但是需要你为此全力以赴。有两个原因让我们心生畏难情绪。其一，这需要你养成一种新的习惯。其二，对某些人来说，这件事令人感到有些恐慌。

恐慌的原因是，我们已经习惯了用某种特定的方式来看待这个世界。我们可能会认同我们当下看世界的方式，认为这种视角已经成为我们身上不可或缺的一部分。由此，对一些人来说，改变心态的念头会让他们感觉是在背叛自己。

想一想那些观念老套的管理者，他们总是摆出一副"不听我话就滚蛋"的架势，就像前面提及的艾伦和艾柯卡。他们的领导风格都是受到了自身欲望的驱使，只想保持自己的外在形象。这种自我合理化、以自我为中心的观念成了他们对自我认知的一部分。如果他们做出了一些改变，他们或许会认为这是在背叛自我，这会让他们感到自身的软弱无力或者就是在承认失败。现实却恰恰相反：他们不是在背叛自我，而是在提升自我。

诚然，用一种崭新的方式来看这个世界，可能会让人感到有些不确定或者恐慌。就像一个从未喝过酒的人现在要去尝试喝酒一样。那个人很可能会惧怕改变他对酒精的固有认识，因为他们不确定喝酒是否会立刻（比如酒精是否会让他们失控）或在近期（是否会让他们在明早就生病）以及从长远来看（比如，把饮酒作为生活的一部分是否会改变他们的生活），对他们产生怎样的影响。这种不确定性往往会让人心生恐惧。在改变和提升心态的过程中，我们也会遇到类似的情绪。

下面的一些建议可帮助你学会摒弃旧心态。

第一点，了解一些已经改变和提升过其心态的人。卡罗尔·德韦克在其著作《终身成长》里就举了很多例子。一位叫托尼的学生，在学习了固定型心态和成长型心态后，改变了他的内心世界。他曾经总以为"我天赋异禀、我不需要学习、我也不需要睡觉、我才智过人"，最后像变了一个人，开始认为"不要太焦虑自己是否聪明，不要太担心自己是否可以避免失败，那样做会是一种自我毁灭，让我开始学习、睡觉和生活吧"。

第二点，寻求一些小成就。你希望拥有怎样的技能，并且你可以不费吹灰之力就能获得？比如，如果你想要学习做蛋糕，可以在网上看一些视频，然后在两个月里每周练习做一个蛋糕。至此，你就会知道，学习一个新的技能，并不是如你想象那般充满挑战。《关键20小时，快速学会任何技能！》的作者乔希·考夫曼（Josh Kaufman）揭示了一个令人十分惊奇的事实："尽管尝试新的事物很具有挑战性，但因为人的大脑被优化了，擅长极其快速地学习新技能。如果你坚持用一种明智的方式进行训练，你就能在一个非常短暂的时间里取得突飞猛进的进步……通常可以在大概 20 小时内，经过刻意和精心的训练，实现你自己设定的目标。"

第三点，多进行积极的自我对话。在一个涉及 44000 多人的大规模研究中，一组运动心理学家测试了三个激励方式，看一看哪一种方式能够起到最积极的效果：自我对话（对自己说"我可以做得更好"），想象法（想象你自己做得更好），以及"如果……那么……"计划法（如果发生了什么，那么就采取什么行动，比如"如果我开始怀疑自己，那么我就要提醒自己，我拥有一些本领"）。最终发现，自我对话在促进一个人的努力和表现上最有效。

下面是一些你可以通过自我对话来发展成长型心态的方式：

- 不要说你不会做，在"不会"前加上"还"这个词。你不要说"我不会从零开始做一个蛋糕"，而是说"我还不会从零开始学做一个蛋糕"。
- 只需简单地将"失败"或者"斗争"这样的字眼替换成"学习"。
- 不要想"这好难"或者"我做不到"，而是尽量想"我可以一直进步，所以我要坚持不断地努力"。

我最近一直在这样做。作为一个学者和研究者，大家都期望我能在最重要的学术期刊上刊载我的研究内容，因为在这些刊物刊发的研究结果被选取率仅10%左右。失败乃兵家常事，文章被拒也是家常便饭。当一个期刊拒绝刊登一篇研究论文时，我认为其实这是件好事。此时我的大脑就会开始产生一些固定型心态式的思考："你不是一个好的研究者""你没有资格刊载你的文章""你或许应该放弃登载这篇论文，因为你可能只看到未来更多被拒绝的可能"……

谢天谢地，因为我知道固定型心态的这些特征，我能够用几种方式来对抗这些自发的情绪。首先，我会告诉自己，这是一次学习、成长和提高我论文水平的机会。其次，我也会提醒自己，我的论文在第六次申请被采纳刊登之前，会被5本学术期刊狠狠地拒载。而在论文发表后的一年左右，我被告知，我的论文赢得了那一年度最佳论文期刊奖。

通过自我对话，我的情绪就能够从最初的挫败和无望，变得更加积极，能够更愿意提高论文的质量，然后给一个新的期刊投稿。

你还可以尝试一些其他的积极想法：

- 重新诠释"天才"的意义，天才也需要付出努力，而不只是徒有天赋。
- 不要把批评和失败混为一谈，要将批评视为一次学习和成长的机会。
- 视挑战如重量训练，阻力会让你变得更加强大，更有能力在未来迎接更多的挑战。
- 更现实地认清学习一项新技能所需要的时间（有固定型心态

的人会高估发展一个新技能需要花费的时间,因此他们往往会很快败下阵来)。

请记住:培养一种成长型心态,可能是有助于你获得成功的最重要的事情之一。我希望你要有目的性地、全力以赴地发展出更多的成长型心态,这不仅可以提升你的思考力、学习力和行动力,也有助于让你在生活、工作和领导力方面大放异彩。

第三部分

开放型心态

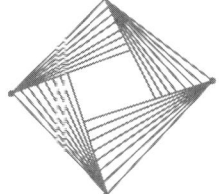

第 9 章

封闭型心态 / 开放型心态

> 你对新观念价值的重视程度,决定了你学习和进步的速度,即使你本质上并不愿意接受新观点。特别是在你并不喜欢新观点的时候。
>
> ——谢恩·帕里什

达利欧是桥水基金的创始人,在他的领导下,桥水基金变成了世界上最大的对冲基金机构(管理着 1600 亿美元的资产)。有史以来,他们给客户挣得的财富比其他任何对冲基金都多。2016 年,《财富》杂志将桥水基金评为美国第五大最有影响力的私人企业。

他们成功的秘诀是什么?

达利欧在他的《原则》一书中揭露了他们成功的秘诀,那就是他所谓"彻底的开放思想"。对于达利欧来说,彻底的开放思想就是,把追求绝对的真相和拥有彻底的透明度结合在一起。他和他的团队一直奉行这样的原则,以至于他们对所有的会议都会进行视频录像。他们还给每一个员工建立"棒球卡"(就是给每一个员工建立一个能力表,这些能力值能恰当地反映员工当前的能力和状态),帮助他们更有效地做决策。他们还制定一项制度,允许员工评定某个人的实时信用等级,从而有助于员工的发展和提高反馈效率。这种企业文化甚至允许底层员工向他们的领导提出建设性的批评建议,以帮助机构更好地发展。

在一天的会议结束后,达利欧收到了一封来自底层员工的邮件:

雷:

你今天在会议上的表现应得一个"D-",会议室里的所有人都看到你赞同那个严格的评估方式(按照半级标准进行评定)。这里有两个尤其令人失望的原因:1)你在之前相同主题的会上表现得很好;2)我们昨天举行了一个具体的计划会议,让你密切关注公司文化和投资组合结构,因为我们只有两个小时的会议时间。你要在会议上对这两个问题进行讨论,我还要说一下投资过程的事宜,格雷格担任观察员,以及兰德尔执行会议决定。然而,你在会议上占用了62分钟(我记得是),更糟的是,你用了50分钟慢条斯理地讨论投资组合结构的问题,却只用12分钟谈论公司文化。有目共睹的是,你根本就没有在会前做好准备,因为如果你有备而来的话,绝不会在会议一开始就这样没有条理性。

如果你是达利欧，你会如何回复这封邮件呢？达利欧是这样做的：他把邮件转发给所有的员工，对这个发件人能直接给出意见反馈表示由衷的感谢，因为这样的行为有利于公司的进步。而且他还鼓励机构里所有层级的员工都要重视事情的绝对真相和透明度，以及开放的态度，因为这些对企业的进步和发展都是至关重要的。

尽管达利欧不断地在努力做到开明领导，以及将这种文化元素融入桥水基金，但是他也无法做到始终如一。

通往彻底的开放思想之路

1975年，达利欧建立了桥水基金。基金成立将近第十年时，他在投资界已经德高望重。基于他对多种商品市场的了解（比如粮食、家禽、肉类），他给麦当劳做顾问时让麦当劳研制出的麦乐鸡块成为如今最成功的快餐食品之一。

1979—1981年，达利欧和桥水基金成功地度过了市场最动荡的时期。1981年，经济问题成了头等大事。通货膨胀不仅达到了10%，并且还在持续增长，经济也随之萎靡，债务增长的速度高于借款人收入增长的速度。最为严重的是，美国银行大量贷款给新兴国家，通常都远远高于他们的经营资本。

当看到这些问题时，达利欧在1981年3月给他的客户写了一篇很有争议的文章，他预测一场严峻的经济萧条即将到来。他在文中写道："我们身上背负的巨大债务意味着，这场萧条将会比20世纪30

年代的那一场有过之而无不及。"

1982年8月，墨西哥拖欠了债务。很明显，其他新兴国家也会紧随其后。给这些国家贷款的银行此时别无选择，只好停止一切借款业务——正好应验了达利欧于17个月之前的预测。

由于他是准确预测市场现状的为数不多的人之一，他开始得到大量公众的关注，不仅上了电视，而且参加了议会的听证。在这些抛头露面的场合，他十分肯定地宣布，美国正在走向萧条，并且给出了他的理由。他认为再一次经历大萧条的概率是95%，唯一可能的其他情况就是恶性通货膨胀。为了能够应对这个局面，他也投入了自己的资本，以防更糟糕的情况发生。

然而，这一次，达利欧却是彻头彻尾的大错特错了。市场不仅没有崩塌，而且依然坚挺，并且经济还飞速上升。这就使得20世纪80年代被称为"咆哮的80年代"，美国经济在历史上经历了最伟大的无通货膨胀的发展阶段。

不幸的是，达利欧笃定经济会崩溃，他自以为是的投资行为导致了桥水基金在经济上损失惨重。最终他不得不遣散了所有员工，甚至包括他最好的朋友和伙伴。他在卖了家里第二辆车之后，不得不向他的父亲借了4000美元。他发现自己都很难养活他的妻子和两个孩子。

就这一段人生经历，达利欧写道：

> 我的这一段人生经历，就好似头部遭到了棒球棒一连串的重击。犯了如此之大的错误，尤其是在公众面前如此的狼狈不堪，

简直是太令人感到羞耻了,而代价就是让我赔掉了辛辛苦苦建立起来的桥水基金。我认识到,自己曾经是一个狂妄自大的混蛋,迷之自信地以为,自己的观点是百分百正确的……我之前一直肆无忌惮地过度自信,最终让自己被情绪打败了。我仍然对自己会如此的骄傲自大而感到震惊和无地自容。

从很多方面来看,这件事在达利欧的人生中是一个转折点,包括其最本质的东西:他的心态。他说他知道,如果不想再重蹈覆辙的话,就要改变心态,"从认为'我是对的',到学会自问'我是如何知道我是对的呢'"。换句话说,就是从一个封闭型心态转变成开放型心态。

经过这次教训,达利欧开始逐渐意识到彻底开放心态的重要性,而且将其融入桥水基金的企业文化。达利欧说:"回顾过去,对我来说,我曾经的惨败是人生最好的经历。因为它让我学会了谦卑,从而可以平衡我的野心。"达利欧心态的改变成为桥水基金成功的原动力。20世纪80年代早期,桥水基金只是一家只靠一人单枪匹马管理的机构,而今发展成美国最大的对冲基金组织。

封闭型心态 / 开放型心态

让我们更全面地分析一下,心态的变化是如何让达利欧和桥水基金取得巨大成功的。

正如之前提过的,我们的心态介于消极和积极之间。就封闭型心态和开放型心态而言，封闭型心态属于消极心态，开放型心态属于积极心态。我们每个人的心态都在这两者之间。

每一种心态都是被不同的目标驱动的。当我们拥有封闭型心态时，我们主要的关注点是，自己是否正确，以及在他人眼里我们是否正确。我们倾向于认为自己的想法是最佳的，由此我们就会拒绝其他人的观点和建议。我们只会重视与我们的想法相一致的信息，回避那些或许暗示我们想法有问题的观点。

当我们拥有开放型心态时，我们就会更加关心和寻求事物的真相，以最佳方式进行思考。我们之所以会这样做，是因为我们相信，我们所拥有的信息是不够全面的，也可能会有一些错误。由此我们会打开思维，寻求他人的想法和建议，借此来改善我们当下的处境，让我们更接近事实的真相。只要能够拥有这样的心态，我们能够做到不急于满足自我的需求，也就不会总想让自己永不犯错或者无所不知，也可以因此避免一些限制我们思维和影响我们制定决策的盲点。

你的心态在封闭型和开放型心态之间的哪个位置？

谢恩·帕里什（Shane Parrish）在他的博客中写道："在你洋洋得意地将一个开放型心态的标签拍在自己胸前时，想一想：有封闭型心态的人，从来不会承认自己有封闭型心态。事实上，如果封闭型心态的人自称有开放型心态的话，是一件很危险的事。"

虽然我不认识你，但是我完全明白你的意思。假如一年前你问我，我是否拥有开放型心态，我会胸有成竹地说"是的"，但是我现在回头看看过去的自己，我看到了一个有封闭型心态和顽固思想的人。

当我们有封闭型心态时，我们就很难知道自己如何才可以拥有开放型心态，因为我们以为自己已经拥有了开放型心态！这就让我们很难对自己的开放型心态的程度进行评估。或许，这就是为什么，有些人收到的个人心态评估分数远高于数值区间里的中间值（比如，你得了 4.9 分，而中间值是 4.0），这样的结果就意味着，你有更多的封闭型心态。现实就是，人们自己选择那些暗示封闭型心态的答案是一件很具挑战的事。因此，你最好不要太重视你的评估分数，而应该更多地关注与那些已经完成测试的人相比，你的心态位置在哪个数值区间。

拥有封闭型心态 / 开放型心态的人具有的性格特点

拥有开放型心态的人与拥有封闭型心态的人之间，存在巨大差异。那些有封闭型心态的人，可能喜欢别人直接给出问题的答案，而不会自己发问或者愿意接受反馈或者异议。与之相反，那些有开放型心态的人愿意提出问题，并且不断地寻求新的信息和多样的观点，从而完善自我、改善处境以及提升他们周围人的能力。

在一场辩论或者讨论中，人们站在两个不同的政治立场中，最能体现拥有开放型心态和封闭型心态这两种人的不同之处。拥有开放型心态的人，能够吸取和考虑他人不同于自己的观点。而拥有封闭型心态的人，不会试图理解他人的立场，他们无法权衡与自己观点相悖的观点，他们通常认为自己的想法就是最好的。

有趣的是，来自南加州大学的研究者从神经学角度调查研究了这种在政治上存在的封闭型心态。通过运用核磁共振监测，研究者发现，当一个人坚决拥护一个政治观点但遭到他人反对时，他的大脑会立刻发出拒绝的信号，以此保护他的自我身份认同。如果一个人拥护某个政治观念但未强烈认同的话，那么他就能欣然接受异于自己的想法和观念。

不同心态之间的差异还不止这些。为了帮助你更好地评估你的心态，下面让我们更全面地比较这两种心态的差异性：

有封闭型心态的人	有开放型心态的人
顽固且毫无道理地固执己见	坦然地面对自己可能犯错的事实
愿意听取和自己想法一致的观点	寻求和自己想法不一致的观点
重视如何证明自己观点的正确性	真的担心错过重要的观点
快速下结论	愿意暂时搁置评判，恰当地评估另一个观点
总是认为自己的思维最佳而不去探究不同的观点	探索不同的观点以确保尽可能准确地看待自己、他人和自己的处境
自信于自己总是拥有完美的答案	意识到自己可能没有获得所有相关的信息
倾向于直接给出问题的答案	倾向于提出问题
喜欢做揣测而且对自己的揣测假设深信不疑	喜欢询问他人以确认自己的揣测是否准确

续表

有封闭型心态的人	有开放型心态的人
不理解他人的所思所想，也就对他人看待事物的方式不得而知	理解他人的所思所想，也就能够了解他人看待事物的方式
总是想要被告知自己的行为没有偏离正轨	想要知道自己或者他人的行为是否出了问题，或者自己是否正走在达成目标的路上
回避批评。如果受到批评，就会采取防御行为，或者迅速摆脱非议	欢迎批评，并希望从中有所收获，而不会采取防御行为
不会主动寻求他人的反馈意见	主动寻求他人的反馈意见
喜欢拼命展示自己的想法是对的	愿意努力找出事情的真相
认为不犯错的人就是胜利者，犯了错的人就是失败者	认为做出正确决定的人是胜者（即使意味着要改变自己的思维），做出错误决定的人是败者
不愿自己的想法受到挑战，如若受到，则会很受挫	喜欢自己的想法受到挑战，而且会因此激发出更多的好奇心
直接或者间接地阻碍他人指出自己可能犯的错误	鼓励他人指出自己可能犯的错误
将反对意见视为对自己的威胁	将反对意见视为学习的机会
阻止他人表达，不给他人表达观点和想法的机会	与表达自己相比，更喜欢倾听，鼓励他人表达想法和观点
不能在自己的大脑里同时持有两种相对立的观点	可以在自己的大脑里同时持有两个不同的观点，能够前后权衡两种观点的各自优势
和比自己知识丰富的人待在一起会感觉极其不适	和比自己知识丰富的人待在一起会感到无比激动

在你继续进行自我评估和了解你的开放型心态的程度等级时，请铭记这些来自我个人研究的经验教训：

1. 当一个人对自己的心态进行评估时，他会过于重视自己心态开放的时候，而不怎么在意自己心态封闭的时候。
2. 当一个人在评估他人的心态时，他会过于重视他人心态封闭的时候，而不怎么在意他人心态开放的时候。

即使你可能会意识到你有时候是有封闭型心态的，但你很快就会辨认出自己表现出开放型心态的时候。这就可能导致你误以为，你比实际情况有更多的开放型心态。这也说明，即使你只在某些情况下会表现出你的封闭型心态，那也足以使他人认为你就是一个有封闭型心态的人。那些和你共同生活、共事和相熟的人，期待我们应该有积极的心态（比如开放型心态），认识到这一点尤为重要。当我们的行为不足以显示我们拥有积极心态时，即使时间很短暂，也会对他人对我们的认识以及对我们周围的文化氛围产生一些负面影响。因此，不管我们认为自己的心态开放程度如何，我们的同事、同伴和朋友都很有可能会觉得，如果我们能够拥有更开放的心态，他们能够从我们身上获益更多。

为何人们会形成封闭型心态？

假如拥有开放型心态能让人受益匪浅，那为何人们最初会形成封闭型心态呢？

这里有两个主要原因，而且是相互交织的。第一个原因涉及我们的自我。我们每一个人,从本质上说,都希望被他人重视,对外界产生影响,以及保全自己和我们当下的地位和处境。这是人之常情,也通常是一件好事。可不幸的是,我们的自我会持续地告诉我们,我们必须让自己保持优秀,只有这样才能被他人重视,对外界产生影响以及保全自己。我们的自我认为,给出问题的答案,就相当于表现自己的优势;而接受答案和提出问题,则相当于暴露自己的劣势。甚至当我们对一个事物一无所知时,我们的自我也会导致我们相信,我们才高八斗,答案已了然于胸,所以不必提出任何问题。我们的自我希望我们相信,开放型心态是一种软弱的表现。由此,我们的自我会不停地将我们拉向封闭型心态。

第二个原因就是,发展封闭型心态更容易,至少我们是这么告诉自己的。可以说,形成封闭型心态的效率会更高。由于收集信息需要大量的时间,还会降低做决策的速度,因此封闭型心态是最好的选择,因为它可以让我们能快速地做出决定,从而节省时间。我们可以选择快速做出决定,也可以选择做出有质量的决定,而且这些决定的结果影响深远。当我们在考虑这两者之间的差异时,就会很容易出现折中的现象。举个例子,阻止一个人的观点或许会让团队能更快地行动起来,但是这样做的代价就是,个体变得涣散或不愿再表达自己的想法,从而破坏了工作的长期效率和效果。

尽管我们在行事时往往会迫于自我和工作的速度和效率,但最重要的是我们要记住,有的时候,让我们获得成功的,并不是在那一刻对我们来说最好的东西。我们对精确、清晰和真相的追求,才能真正地促使我们获得成功，最终让我们能够得出正确的答案，做出最好的决定。

理直气壮，虚怀若谷

你或许会好奇，我是否在建议大家应该做个耳根软的人，永远不要做出头鸟。

当然不是。拥有开放型心态，并不意味着你不能表达自己的想法和信念，或是盲目地接受他人的结论。开放型心态并不影响我们理直气壮，但是同时也意味着，我们也可以虚怀若谷。因此，甚至当我们展现自己的立场时，我们也可以对未知领域的可能性保有一份开放的心态，允许自己对他人的观点有一个更加全面的认识。

拥有虚怀若谷的想法不正是形容谦卑的另一个方式吗？一个谦卑的人，是愿意认真地看待他人的想法和观点的，而不在乎自身的处境或者学识程度。那些真正谦卑的人，是愿意认真地对待他人观点的人，都是拥有高自尊的人。他们自我感觉很好，不会将他人异于自己的观点视为对自己身份的威胁，也不会做出防御行为。他们能够尊重持有任何观点的人。谦卑，是一种健康和积极的个人能量，能够让自己受到大家的欢迎，而这取决于我们拥有怎样的开放型心态。

想到达利欧说过的这段话：

> 你，和我一样，或许不可能做到对万事万物都无所不知、

无所不晓,我们要接受这个现实。如果你能带着一种开放的心态,以清醒的方式思考什么是对自己最好的事情,并鼓起勇气来完成它,那么你就是最大限度地实现了人生的意义。如果做不到这一点,那你就要反思其中的原因,因为那最有可能就是让你不能实现更多的人生目标的最大障碍。

接下来就要讨论封闭型心态和开放型心态在我们的思考力、学习力和行动力上发挥的更深层次的作用了。

第 10 章

犯错不等于失败

> 对改变永远敞开心扉,欢迎它,追随它。你只有不断地审视自己的观点和想法,才可能进步。
>
> ——戴尔·卡耐基

19 世纪 40 年代,维也纳医院遇到了一种神秘的、令人恐惧的产褥热传染病,导致大约 15% 的新生儿母亲死亡。在传染病的高峰期,1/3 的产妇在被医生和医学生接生时或接生后不久就会死亡,是被产婆接生死亡率的 3 倍。为了给出一个合理的解释,一位名叫伊格纳兹·塞麦尔维斯(Ignaz Semmelweis)的匈牙利内科医生给出了一个假设。他观察到,参与分娩的医生和医科学生在给前一天死亡的尸体解剖完后,从解剖室出来就直接进入了分娩室。尽管在那时,没有人了解病菌或在医院传播的病毒,但是塞麦尔维斯认为,他们的双手或许带有一种"致病毒素"。因此,他让他的学生在进入产房前,用氯水杀菌剂清洗双手。随后，死亡率降低，事态得到了控制，产妇不再面临死亡的威胁。这个结果令人震惊，挽救了很多生命。

然而，当塞麦尔维斯努力给其他医生传授关于洗手的重要性时，他们却拒绝接受这个说法，并认为本质上他就走错了路。

塞麦尔维斯给他的同人提供建议，让他们成为更好的医生，帮助他们拯救了几十条甚至上百条生命。事实也是如此。这是一件连傻子都知道的事，不是吗？然而，这些医生还是保持着一种封闭型的心态。

为何塞麦尔维斯的同事不愿接受这样的说法，甚至不会衷心地感谢他找到了病人无缘无故悲惨死亡的原因呢？

答案就是，他们的自我。

为了让医生接受塞麦尔维斯在挽救生命中所采取的干预措施，他们就必须承认，是自己在接生过程中导致了许多产妇的死亡。当意识到这一点时，他们感到无法忍受，这如同直接打击和破坏了自己身为医疗专家或医疗工作者的自我认知。他们希望在他人眼里，自己总是正确无误的，而不希望追求什么事实真相。

你有没有发现一件有趣的事，世界上很多重大发现和突破都遭遇过相当大的阻力？这样的阻力即便没有破坏力，也肯定会对相关的个人和整个世界起到限制性的作用。归根结底，都是因为有封闭型心态的人在背后推波助澜。

达利欧在《原则》一书中清晰明了且有理有据地探讨了非开放型心态所造成的种种不良后果，由此清楚地阐释了桥水基金组织为何会提倡和拥护彻底的开放型心态。这些不良后果包括：

- 错过各大良机，同时避免了其他人对你造成的有害威胁。
- 屏蔽掉或许具有建设性甚至能挽救生命的批评和建议。
- 失败，因为你固执地拒绝学习能让你表现更加优秀的东西。
- 无法纠正错误的或者不恰当的观点，因为你不能客观地看待自己的处境，以及权衡你和其他人的想法。

看看上面每句话开头的单词：错过、屏蔽、失败和无法。这些词语是在描述以一种成功驱动型的方式进行思考、学习和行动吗？当然不是。达利欧最后总结道：

> 人们按照自己的想法固守着错误观点，做出糟糕的决策，而不能提出审慎的反对意见，这是人类的最大悲剧之一。如果能够经过深思熟虑地表示异议，（那么就能）很容易地在所有领域彻底提升决策制定的效果，包括国家政策、政治、医疗、科学、慈善、人际关系以及更多领域。

下面，我们再深入地探索一下封闭型心态和开放型心态对我们的思考力、学习力和行动力产生的影响。

思考力和学习力

电影《隐藏人物》是基于一个真实故事改编的，里面涉及三个在

NASA（美国国家航天局）工作的非裔美国女性的生活和人生挑战。她们为历史上最伟大的壮举之一贡献了智慧：将宇航员约翰·格伦（John Glenn）送入太空。三位女性员工在NASA里的职务各不相同。

凯瑟琳·约翰逊，塔拉吉·P·汉森（Taraji P. Henson）饰，是一位数学家。她在团队里负责发射窗、轨道和火箭的返回路径，还有宇航员进入太空和返回的相关事宜。她在团队里备受瞩目有3个原因：她很聪明、是个女性而且是个非裔美国人。

凯瑟琳的直接领导者是保罗·斯塔福德，吉姆·帕森斯（Jim Parsons）饰。这是一个虚构的人物，相当于和凯瑟琳共事的一些工程师的形象总和。在整部电影里，凯瑟琳在获取相关工作信息和参加重要会议中，总是受到保罗的种种阻挠，就是因为她是一个非裔美国女性。但凯瑟琳能够突破重重阻碍，让自己脱颖而出，以此证明自己在NASA里是最优秀和最出色的人之一。

艾尔·哈里森，凯文·科斯特纳（Kevin Costner）饰，是另一个虚构人物，他是太空任务小组的领导和保罗的上司。艾尔意识到凯瑟琳给团队带来的价值，同时也不断发现保罗在试图阻挠凯瑟琳的很多行为。

在一个特定的场景里，艾尔看见凯瑟琳和保罗在进行激烈的争吵：

艾　尔：保罗，发生什么事了？
凯瑟琳：先生，我想参加今天的简报会议。
艾　尔：为什么？

凯瑟琳：嗯，先生，数据变化太快，太空舱也在变动，重量和降落区域每天都在变。我自己算好了，可是等你们开完会，我又要重算。格伦上校还有几个月就要起飞了，我们连数学公式都没有算好。

艾　　尔：为什么不让她参加呢？

保　　罗：因为她没有权限，艾尔。

凯瑟琳：如果在数据变动的第一时间我不能拿到所有信息和数据，那根本没法有效率地工作。我需要进去和你们一起开会。

保　　罗：普通人是不能听五角大楼简报的，要有最高权限。

凯瑟琳：我觉得我是演示计算的最佳人选。

艾　　尔：不达目的誓不罢休是吧？

凯瑟琳：没错。

保　　罗：她是一个女人，没有文件说一个女人可以参加这些会议。

艾　　尔：好，保罗，我明白。但是在这栋楼里，谁说了算？

凯瑟琳：就是你，先生，你是老大。你得表现出老大的风范。

在电影的后面，艾尔对保罗说："你知道自己的工作是什么吗，保罗？就是在一众天才里找到你需要的天才，带领我们一起进步。我们要么一起取得胜利，要么一起失败。"这一次教训促使保罗认识到了自己内心的偏见，让他明白自己的行为一定要对团队最有利，比如允许凯瑟琳在团队里有更多的担当，而不会因为自己不喜欢她的性别或肤色就处处为难她。

保罗回避凯瑟琳，包括不承认她的能力和不接受她的意见，就是在降低团队解决问题的效率，让 NASA 无法尽快把火箭送上太空。

这种例子每时每刻都会在我们的职场和家庭里出现。事实上，我大胆地揣测，在任何你工作的团队里，你都能发现，有人会因为他的封闭型心态限制整个团队的思想交流，降低团队处理问题的速度，让团队的整体能力无法得到凸显。那或许就是因为他在按照自己的心态行事。

那些像保罗一样的人，在他们的职位上自恃聪明。他们喜欢一切事物都稳固不变和确定无疑，这很好地说明，他们是在恐惧变化，以及对那些有悖于自己的人或事心生忌惮。他们认为，自己是保护者，但是这并不意味着我们需要有一个坚固的防线阻断我们获得所需的信息，过早地摒弃相关信息，以及在新观点前不愿改变自己的想法。请记住，一个开放的心态就意味着，我们敢于直言不讳，也能虚怀若谷。虚怀若谷意思就是，我们可以开放我们的心态去接收信息，避免过早地摒弃相关信息，愿意在新观点出现时改变自己的想法。

在这两个选择中，你认为谁将会是一个更好的思考者、决策者和学习者呢？你认为谁会更加灵活机智，愿意适应不断改变的市场环境呢？谁能赶上变化的脚步呢？谁又会成为炮灰呢？

如果这些还不足以证明开放型心态对思考和学习有重要意义，那么研究者已经反复发现，那些有开放型心态的人在处理和决定事情的时候更能做到不偏不倚，鲜少有失偏颇，更加准确无误。让我再给你们举两个例子。

　　第一个例子。如果你要在"鱼"和"熊掌"之间做出选择，那么一旦你做了决定，你会怎么看待你放弃的那个选择呢？研究者埃迪·哈蒙-琼斯（Eddie Harmon-Jones）和辛迪·哈蒙-琼斯（Cindy Harmon-Jones）发现，那些有封闭型心态的人相较于有开放型心态的人，往往会倾向于认为，另一个选择更加消极和不可取。他们可能会在某一刻面对多重选择时举棋不定，但是在做出决定后，他们的选择立刻就神奇地变成了最佳的那一个，无可比拟，就好似那些有封闭型心态的人不想让自己的内心对他们的决定有任何纠结。而那些有着开放型心态的人，从另一方面看，能够更真实地面对他们做决定的过程。总之，有封闭型心态的人更容易带着偏见看待他们所做的决定，最终让他们容易走上一条不归路。

　　第二个例子。多个研究团队已经发现，那些有开放型心态的人能更准确地评价他们为取得成功所付出的真正努力。基于我们对艾柯卡的了解，所有迹象都表明他有一种封闭型心态，他自信地把自己描画成克莱斯勒的救世主就说明了一切。在他眼里，是他让克莱斯勒取得了成功，而不是市场环境。然而，一个对现实更贴切的描述是，艾柯卡作为克莱斯勒的 CEO 只是整个环节中的一部分，让公司在艾柯卡的第一个任期的前半段时间里取得成功的是整个环节。有开放型心态的人往往会更容易意识到，他们自身以外的因素也在促成他们的成功。像这样的研究结果让研究者断言，那些有封闭型心态的人更容易幻想自己坚不可摧，鲜少能准确地判断自己成功的可能性。这些都可能是悲剧发生的根本原因之一。

总之，一切已经很清楚：如果我们带着开放型心态，愿意考虑我们无法获取全部信息资源或正确答案的可能性，以及其他人或许比我们有更高明的想法，那么我们能做出更好的决定，更有效率地解决问题。想一想，如果伊格纳兹·塞麦尔维斯的同事都能尽早接受他的建议，将有多少生命可以被挽救啊！达利欧在他的书里总结道："你的心态越开放，你就会越少自我欺骗。"

行动力

开放型心态能够改善思考力和提高学习力，但是说到对我们行动力的影响，这里提供的证据就需要权衡一下了。

当我们知道自己不可能百密不疏，并且想要确认自己在用最佳方式思考，我们就会开放自己的心态，探索另外的可能性和新信息。你或许会想象，花时间探索另外的可能性和新信息是一件很耗时的事情。但是当我们认为自己正确无误，知道最好的行事方向时，我们就不再花时间寻求其他观点。通常我们在努力确认自己的想法和制定决策上，会更多地以行动为导向，更加执着。由此看起来，这里我们需要权衡一下，是选择采取行动，还是确保方向正确。

然而，我不确定，用非此即彼的选择来考虑这些心态对我们有什么帮助。看一下戴维·戈金斯（David Goggins）的例子。

在《我，刀枪不入》一书中，戈金斯给我们展现了他传奇的人生。

我们从他的故事中得知，他儿时曾经遭到过严重的虐待，少年时没有受到教育，后来成为完成美国海豹突击队、陆军游骑兵和空军战术空管 3 项精英训练科目的人。这本书精彩地讲述了一个人如何通过提升他的心态而取得成功的故事。但是那并不意味着，他所有的心态都得到了提升。由于戈金斯改变了他的心态，他不再对生活感到迷茫，他可以完成任何他感兴趣的事。但是，当他在这方面得到提升时，他也让自己陷入更为严重的封闭型心态中。

他在海豹突击队供职期间，当他正寻求应邀参加海豹六队（那里有最优秀的海豹突击队员，也是美国最精锐的反恐小组）的测试机会时，他的封闭型心态对他造成了一些不良影响。参加海豹突击队六队测试的条件是，必须要有 5 年在海豹突击队工作的经验。为了得到 5 年的工作记录，让自己达到应邀参加测试的目的，戈金斯开始"封闭自己"，在生活中的所有领域都在使出浑身解数提高自己。他在训练时会尽他最大的努力，在晚上或周末休息时，他都在学习或者提升自己的体能。但他也对他的海豹队友们表示出不屑，因为他们看起来没有像他那样为工作全情投入，他们在晚上和周末定期地呼朋唤友。由此，他和队友之间的差距不断增大，他认为自己就是个"不寻常人中的不寻常之人"。

看到这种差距，他的指挥官建议他，应该更努力和他的队友打成一片。尽管作为一个海豹突击队队员，渴望提升技能是一件值得称赞的事，但是队友的信任也是很重要的，尤其当他们要上场作战时。他们指出，在他将自己拒人于千里之外时，也是在阻止自己和队友建立信任。

他太过专注为选拔做准备，拒绝接受与队友沟通的建议。最终，由于他不愿听从指挥官的建议和意见，他没有被邀请参加海豹六队的筛选测试，从而让他的职业生涯停摆了。

公平地说，他的封闭型心态让他专注于训练且获得了一些难以想象的本领，真的让他成了一个"不寻常人中的不寻常之人"。但是，不得不说，他的封闭型心态也让他无法取得在他看来很重要的目标。

人们可能既希望自己以最佳的方式进行思考，又想让自己的行为高度自律、目标明确。对于戈金斯来说，他稍微妥协地花些功夫就可以与队友建立信任，同时也并不会影响他为了参与海豹六队的测试而做准备。

总结

如何总结上述思路呢？让我将非营利组织的领导艾伦和达利欧进行对比，看一看他们每个人是如何以不同的方式处理相同情境的。

一次，艾伦雇用了一个新的员工，名叫坦尼亚。他让她负责销售由艾伦和其他培训师教授的培训课程，以此来增加公司的利润。这一度引起其他员工的不满。因此艾伦让坦尼亚少做一些销售工作，转而帮助同事处理其他后勤和管理工作。于是其他员工开始依赖坦尼亚，不断地让她处理他们的工作，以至于她无法完成自己的销售任务，而销售是她的主业。尽管艾伦起初并没有意识到这一点，但他的确喜欢看到他的办公室职员都看似在更加高效地工作。然而，过了段时间，他关注到坦尼亚什么培训课程都没有卖出去。艾伦气急败坏，强烈要求解雇坦尼亚，因为她没有完成雇用她时分配给她的工作任务。

就这一问题，艾伦把我拽到一边，向我解释他要解雇坦尼亚的意愿，并询问我的建议。由于我了解一点儿坦尼亚的情况，于是我让艾伦考虑一下，尽管坦尼亚没有卖出任何培训课，但是她也给公司做出了很多积极的贡献。我甚至建议，如果艾伦想要她多卖课，他应该改变他的管理风格，让她不要卷入其他人的工作，而是为她设定明确的销售和业绩目标，给她更多的建设性的反馈意见。我认为，艾伦需要在解雇她之前，给她机会证明自己是一个合格的销售人员。

艾伦的自大和封闭型心态没能让他看到，问题主要出在他缺乏有效的管理方式，而不是坦尼亚的工作表现欠佳。艾伦还是不愿改变他的行事方式，依然打算解雇坦尼亚，但不久后有个员工辞职，公司开始让坦尼亚长期承担行政管理的工作。

再来看，达利欧用开放型心态处理了一个令人沮丧的情况，最终给机构带来积极的改变。

有一次，桥水基金的一个员工忘记及时将一个客户的钱转入投资项目，这给客户带来了几十万美元的损失。达利欧说，如果他有封闭型心态，他或许会做出一些比较过激的事情，比如开除那个员工——这样就会给公司定下一个基调，犯错是无法被容忍的。但是，正如他所写的："错误无时无刻不在发生，如果一旦犯错就要被解雇，那就是在鼓励其他人掩盖他们的错误，导致他们会犯更严重、代价更高的错误。我深信，我们应该把各种问题和不同意见摆在桌面上进行讨论，那样我们才能了解，我们应该怎么做才能让事情变得更好。"

他不仅没有处罚这个员工，还和他的员工一起培养写犯错日志的习惯。自此，每当交易部门出现问题，他们就做记录，然后跟进这些错误并且做出改善。这不仅提升了桥水基金里员工的开放型心态，而且也提高了他们学习、发展和进步的能力。

由于达利欧具有开放型心态，所以他能够把严重的错误视为一次难得的学习机会并对其做出积极的回应。他通过建立一个体系，让公司员工能够不断地学习，持续改善他们的做事方式，最终更有效地服务客户。

第11章

自信而谦卑

> 那些不能改变自己思维的人,就什么也改变不了。
>
> ——萧伯纳

电影《完美音调》主要讲述一个大学女子无音乐伴奏合唱团,为了获得全国大学生锦标赛冠军而共同努力的故事(一年前经历了失败)。其中主要3个角色分别是安娜·坎普(Anna Camp)饰演的奥布瑞,一个学姐,是团队的权威领导者,但是有封闭型心态;安娜·肯德里克(Anna Kendrick)饰演的贝卡是一个很有开拓思想的大一新生,她擅长将不同类型的音乐融合在一起,创造出有趣的作品;布兰特妮·斯诺(Brittanyk Snow)饰演的克洛伊接受过声带手术,不能再唱高音。

电影里有一个场景是,克洛伊再也不能唱出某个高音,她们被迫要选择其他人来替克洛伊完成独唱的部分,令人沮丧。克洛伊选了贝卡：

> 克洛伊：我觉得贝卡可以替我担任独唱……
>
> 贝　　卡：……如果可以让我选一首新歌做一些调整，我很乐意独唱。
>
> 奥布瑞：我们这里可不是这样安排的。
>
> 克洛伊：奥布瑞，或许贝卡说得有道理，或许我们该尝试新的东西。
>
> 奥布瑞：你说什……么？你可以唱"颠覆节奏"，不要再让我听到类似的话。
>
> 贝　　卡：那首歌很乏味，我们靠它不会赢的。如果我们从不同的流派选取歌曲，然后把它们重新混音，我们就可以做出……（被奥布瑞打断）
>
> 奥布瑞：够了，显然你没明白我的意思，那我就告诉你。我们的目标是进入决赛，而那三首歌会让我们做到的。所以，抱歉，我不想听一个叛逆女孩荒谬的自由节奏理论，因为她从没有参加过比赛，听清楚了吗？

奥布瑞认为自己是一个有经验的领导者，她知道怎样才能让团队获得比赛的胜利。然而，她的封闭型心态让她变得很有防御性，不肯接受贝卡想要做一些创新的建议。事实上，由于奥布瑞的封闭型心态，她需要他人来认可她的正确。于是贝卡只好离开了合唱团。经过一段时间之后，团队意识到贝卡的音乐天资对团队具有很大的价值。于是她又回归合唱队，在她的帮助下，他们赢得了全国大学生锦标赛的冠军。

尽管《完美音调》的故事是虚构的，但是我认为像这样的对话很具有普遍性。比如有些例子中，父母没有倾听孩子的想法就会说："因为我是你母亲，这就是你要听我话的原因！"或许有人在收到他们的配偶给他们提出的建设性批评之后，会下意识地采取防御行为，而不会看到自己身上的盲点。或者管理者会快速地否决团队里其他成员的想法和建议。这让我十分好奇的是，我们很多次错过了一些能够让我们变得更成功的意见和建议，那都是因为我们的封闭型心态让我们太过固执，不能让自己看到自己的思维和行为方式是可以得到提升的。

封闭型心态/开放型心态在我们生活中起着举足轻重的作用：它们影响了我们决策的好坏。我们必须意识到，我们的成功是建立在我们能有效地制定决策的基础之上的。在《告示者归来》这本书里，安迪·安德鲁斯（Andy Andrews）写道："在任何商业行为中，一个人作为一个员工、一个管理者或一个企业主所做出的决策的质量和准确性，会大大决定其在一段很长的时间里成功和失败的程度高低。"安德鲁斯继续建议说，如果我们能够做出更好的决策，我们就能更好地行动，取得更理想的效果，从而提高我们的声誉，最终让我们在生活、工作和领导力上获得成功。

生活中的成功

尽管有多种方式可以让我们拥有开放型心态,从而促使我们在生活中取得成功,但是我想要重点关注完善人生的两个基本要素:我们人际关系的质量和我们制定决策的能力。

我们人际关系的质量

你是否认识那种,总是好像无所不晓,总是需要表现自己正确,以及似乎不愿听取他人观点的人?我猜你的脑海里会跳出不止一个这样的人。这些人在你的交往列表里居于怎样的位置?对于大多数人来说,他们应该排在最后。

幸好,符合上面描述的人毕竟还是少数。大多数有封闭型心态的人确实会有不同的表现模式,但是他们的封闭型心态所造成的后果仍然会让他们看上去不易亲近,令人厌恶。

3种普遍的封闭型心态困扰着大多数有封闭型心态的人。有一点很重要,有着封闭型心态的人不会每分每秒都在以不同的方式表现他们的封闭型心态,但只要有那么一点儿封闭型心态就会让我们在他人眼里成为一个有封闭型心态的人。因此,我们很有必要认识这3种形式的封闭型心态,我们也要对自己封闭型心态的轻重等级始终保持敏感。

第一种普遍的封闭型心态就是,如果人们认为自己已经相当专业了,就不会给那些专业技术还不算很精良的人发表自己想法和建议的机会。第二种普遍的封闭型心态涉及那些我称之为认真的思考者。他们做事考虑周全、责任心强、有条不紊。他们喜欢在找出一个问题的解决途径或方法之前，把所有事情都考虑得十分清楚。在制定决策方面，他们总是先于其他人，让这些人觉得自己的想法已经"过时了"，由此快速驳回那些人的想法。第三种普遍的封闭型心态是关注个人或有专业成就的人。想一想戈金斯。他们一旦做出了决定，就会集中全力执行这个决定。在执行阶段，他们会认为新的想法会对行动速度和决策本身造成一定的障碍。当我们回过头来思考，为何人们会普遍拥有这些封闭型心态，这时一个有趣的模式出现了。从核心上说，这些类型的封闭型心态都建立在两个屏障之上：自我和盲点。有封闭型心态的人想要自己行事都正确，或至少看着都正确。这就是自我制造的屏障。盲点造成的屏障往往会出现在，当一个人相信他能够看到每件重要的事，从而否认他所看不到的其他人的观点，而那些观点或许对于制定高质量决策是不可或缺的。

这些屏障妨碍开放型心态的发展，阻碍高质量的人际关系的建立。让我给你们举一个我个人的例子，看看这种现象是如何发生的。

在盖洛普公司工作期间，我被安排参与一个有客户参与的项目，需要深入到项目执行的过程中。我负责针对客户参与的数据进行深入的分析。

这项计划由我的搭档主要负责，他的顾问起辅助作用。我从来没有跟这两个人共事过，他们都以专家自居。他们在为客户的数据管理设计数据收集方法的过程中，已经想到了多种关键点。他们正好表现出了三种封闭型心态的模式：处于执行阶段的思考型专家。

在做分析之前，我了解到，我们以两种方式从客户那里收集数据：一部分客户在网上接受调查，其他客户接受现场调查。当我做分析时，我不仅要关注整个数据所呈现的结果，而且也要关注数据收集的方式，看一看不同的数据收集方法是否会对结果造成不同且有意义的影响。

果然，网上和现场的调查数据结果有相当大的不同，这一点引起了我的密切关注。因为我们将要基于这个结果给客户提出一些建议，但是不幸的是，我们得出了3个不同的结果：网络调查结果、现场调查结果和两者混合的调查结果。对我来说，这是一个很严重的问题，让我们满盘皆输。我让我的搭档和他的顾问关注这个问题，但是他们俩都立刻否定了我的担忧，根本不重视我的意见。

在我放下电话后，并没有对他们的决定感到失望，而是对他们没有重视或尊重我的意见而感到很沮丧。相应地，这也让我开始变得不那么尊重领导者，甚至因此动摇了我和他们继续共事的念头。

尽管这件事的背景是让封闭型心态得以形成的温床，但是我可以清楚地看到，是自我和盲点推动了他们封闭型心态的形成。其一，因为他们设计了一个有问题的数据收集方式，如果他们重视我的建议，他们就要被迫承认他们自己确实犯了错误，这当然就是对他们自我的狠狠一击。其二，他们俩都认为，在这个项目上，他们俩的想法都比我的好，这让他们觉得一切尽在掌握。然而，他们并没有审查我做的深入分析以及每种调查结果之间的差异性。尽管他们见多识广，但他们无视新的信息，最终可能会导致他们不能给客户提出有效的建议。

我不仅遭遇了这些封闭型心态带来的后果，而且也对所有这些封闭型心态感到深深的遗憾。我已经认识到有两种结果会影响我们和他人的关系：第一种，当有的人的想法在没有得到确认前就被否决了，他们会感觉自己不被重视；第二种，他们将不敢再提出任何想法或者建议，从而降低了人际关系的质量。

我们所做决策的质量

一个成年人每天要有意识地做出多少个决定？100个？1000个？还是更多？不管你信不信，研究者认为有3.5万个。也就是说，我们平均每分钟要做20多个决定。尽管大多数的决定都是不值一提的，但是这也说明，如果我们提升了我们做决策的能力，即便是逐步提升，那么我们的影响力也会迅速增加。

思考一下你做过的重大决定：是否要上大学，上哪个大学，读什么专业；以后做什么工作；和谁结婚；是否要生孩子；是否接受一个新的工作机会……这个清单可以一直列下去。这些决定至今都在强烈地影响着我们的生活。当你思考这些决定的时候，想一想你在那时有怎样的心态。那时的心态有没有让你向他人寻求建议和意见？向谁寻求？有多少人？这些人很清楚你的兴趣爱好或者给你提出了独到的建议吗？这些建议肯定了你的想法，还是考验甚至挑战了你的想法？你是否抗拒他人的建议，认为"我自己可以做到"？你是否害怕错过一些重要的观点？

现在问题来了：如果你的心态比你之前做决定时的心态都要开放，你是否会做出一些不同于过往的更好的选择？

如果你像我一样，你可能很难想象你还有怎样的生活。然而现实是，大多数时候，我都没有经过深思熟虑，就跌跌撞撞地做出了一部分人生的决定。我只是接受命运的安排。尽管有些决定对我是有帮助的，但我还是好奇，假如我没有被自我和盲点所驱使的封闭型心态干扰，我的人生是否会有所不同，是否会前程似锦，或更加功成名就。

开放型心态打开了我们的眼界，让我们能够关注更多的选择，多和比你知识渊博的人交往，更有效地处理现实问题，以及最终做出尽可能好的决定。在这个问题上，达利欧在《原则》中写道："拥有开放型心态，是一件值得的事……记住，在你追求自己人生目标的路上，你所做出的决定优劣与否，将大大决定你的人生质量。"他还说："如果你太自以为是，自恃聪明，你就不能汲取更多的知识而因此做出低劣的决定，以致让你的潜能无用武之地。"

工作中的成功

2012年，谷歌为了建立"完美团队"，启动了一项巨大的研究项目，代号为"亚里士多德"（Project Aristotle），以确认是什么让他们的顶级团队表现得如此优秀。由于谷歌的高层执行官长期认为最好的团队应该就是由最优秀的人组成的，于是他们开始观察团队的组成，其中的成员有着不同的天赋、性格、职场外的人际关系、性别和种族等，但是这种深入的研究让他们……一无所获。他们的分析没有发现任何规律。

于是他们回到数据分析上，重新审视塑造团队独特文化的动态行为、人际关系和工作习惯。这里包括领导者或者团队成员在多大程度上可以做到各抒己见、发言的先后顺序、生日的庆祝、对周末计划或活动的讨论、对八卦的参与度，以及对商务活动的认真程度。这项持续一年多的研究终于得出了团队成功的一些模式和结论。他们意识到，这些动态活动、人际关系和工作习惯是有助于谷歌团队发展的关键，但是现在他们不得不找出，到底哪一条才是最重要的。

通过后续的研究，他们最终确定了所有谷歌顶级团队成功的一个主要核心因素：心理上的安全感。也就是，人们在一个团队里在多大程度上会觉得，他们可以自如地表达他们的观点和意见，以及做一些冒进的行为，而不用担心造成不良的后果。谷歌的顶级团队里都有一种文化氛围，即每一个团队成员都很乐意表达自我，对他人的想法以诚相待，而且对其他团队成员所遇到的情绪情感和个人事务等都很敏感并给予关注。

如果心理上的安全感能够让团队表现优异，那么又是什么因素促成了他们在心理上的安全感呢？

一个不可或缺的先决条件就是，拥有开放型心态。只有那些拥有开放型心态的人才会非常乐意倾听和接受新的观点和建议，即使他们要为此承担风险。

掌管皮克斯和迪士尼动画公司的卡姆尔很清楚，让公司员工在一种开放型心态和心理安全的文化氛围里工作是有重要意义的。他声称，这种文化是他们获得巨大成功的根基，但是他也意识到，创造这样一种文化说起来容易做起来难。制作出具有开拓性、创造力和无比成功的皮克斯和迪士尼动画片，需要制作者有非常高的解决问题和与人合作的能力。卡姆尔认为，要想营造一种这样的文化氛围，他的团队成员需要开诚布公地分享各自的想法、观点和意见。如果团队能够做到集思广益，成员的想法就可以百花齐放，那么他们制定的决策也会更好。

然而，强大的公司内在势力和社会影响力通常会阻碍这种开放思想。这些力量都存在于个体对自我保护的本能之中，以及对自己可能受到伤害的恐惧中，其中包括卡姆尔说的："担心说出一些蠢话，让自己形象大跌，害怕攻击他人或受到他人的挑衅，以及惧怕得罪他人或遭到他人的打击报复。"当公司的氛围让员工感觉到需要进行自我保护时，这些力量就会成倍增长，例如在风险很高且人员较多从而等级森严的公司制度中。

皮克斯和迪士尼为了可以在公司创造一个更加积极地解决问题和有效交流的氛围，他们是如何击退那些破坏员工心理安全感的自然力量的？那就是鼓励诚实公正，这意味着要毫无保留地讲真话。卡姆尔发现，缺乏公正的氛围会让公司的运营出现问题。因此他说："相信我，你不会愿意待在一个更喜欢用冠冕堂皇的方式追求公正的公司，而大家不能真正坐在一起讨论一些基本的观点或者政策。"他发现，当员工变得十分坦率和诚实公正时，奇迹就会发生。

在皮克斯和迪士尼里，这样的奇迹发生在"智囊团"会议中。这类会议隔几个月就举行一次，主要是为了评估每部电影。他们的前提条件是"把聪明热情的人齐聚一堂，让他们发现和解决问题，然后鼓励他们彼此坦诚地交流"。这些会议一开始都是先让大家观看一部电影，或至少观看其中的一部分内容，然后公司高管、导演、编剧和主创进行直接交流。会议室里的所有人都平等相见（相互尊重），旨在提高电影的质量，不存在个人企图，不为哗众取宠，也不为讨好监管人，或者赢得认同。在这样宽松的环境中，往往就会出现不可思议的反馈意见和建议，导演可以虚心地接受这些建议和意见，因为他们明白，每个人都是在为提升电影的质量而努力，而不是为了批评他们。

为何智囊团如此重要呢？根据卡姆尔所说的，那是因为"在早期，我们所有的电影都令人作呕"。他继续说道：

> 我说这些不是在极力表现自己的谦卑。皮克斯的电影一开始都很平庸，我们的工作就是要让它们变得……这个想法就是，我们曾经一度认为糟糕的电影，现在看来是如此的出色——这个想法很多人无法接受。但是思考一下，想让一部关于会说话的玩具的电影让人感觉缺乏创意、无病呻吟或是明目张胆的商业化，是多么的容易。再想一想，关于老鼠如何储备食物的电影也是多么的令人生厌，或者在《机器人总动员》里，开场39分钟没有任何对白，这是多么冒险的事。我们敢于尝试这些故事，但是电影并没有在第一关就完好成形，这也是必经的

过程。创造力必须在别处产生，我们都真心相信，在一个不完美的电影里找到贯穿整个故事的主线之前，或者一个空心的角色在找到它的灵魂之前，它们需要得到具有支持力且坦诚的反馈意见，经历互动交流的过程——重新创作、再创作和再次重新创作。

在卡姆尔营造的这种公司氛围中，开放型心态可以蓬勃发展，这也对皮克斯和迪士尼的动画片能取得成功起到关键性的作用，尽管普遍存在的机构势力还在以物质做奖励刺激封闭型心态的形成。通过营造这样的氛围环境，员工能够做到：

- 追求真相，而不是追求正确。
- 寻求如何以最好的方式做出选择，而不是希望自己的观点得到支持。
- 寻求他人的反馈意见，而不是回避意见。
- 接受新的观点，而不是回避新的观点。
- 认为他人的反对意见是一次学习的机会，而不是一种威胁。
- 承认自己会犯错，而不是寻求展示自己所掌握的知识是最佳的。

当员工有上述表现时，心理安全感就会变得越发强烈，与此同时，创造力、创新力以及有效的改变力也会一同得到蓬勃发展。

领导力上的成功

你是愿意跟随一个有开放型心态、能接受犯错的可能性、乐于发现最好的想法、愿意改变其观点的领导呢,还是愿意跟随一个有封闭型心态、总是自以为是、总想证明自己的观点是正确无疑的、根本不在乎他人的想法的领导呢?答案看起来十分明显,对吧?我们更愿跟随一个谦卑的,有开放型心态的领导。这意味着,如果我们想成为他人愿意追随的对象,那么我们也需要成为和这种领导一样的人。

我们为何会愿意跟随一个谦卑的、有开放型心态的领导呢?有一个很多领导都会忽视的简单原因。思考下面句子里的关联性:我们想要跟随那些重视我们的人,当我们感到自己的想法和做出的贡献得到重视时,我们会觉得自己受到重视。

我在到盖洛普公司工作前就明白了这一点,但是是在盖洛普公司的经验证明了这一点。当他们评估机构里的人员对工作的投入程度时,他们使用了 12 个句子,他们发现这些句子最能激发员工的工作热情。每一个问题满分 5 分,打分是在"强烈反对"到"强烈同意"之间,题目包括"我知道我在职场被期待有怎样的表现""我在过去的 7 天里得到过认可""我在公司有个好朋友"……

尽管每个句子都很重要,但是我好奇哪一句最能激发员工的工作热忱。尽管盖洛普公司不会公开回答这个问题,但是我自己对 9 个机构总计近 60000 名员工做了调查分析。我发现,如果一名员工能够强烈同意"我的观点在职场上是重要的",那么 95% 的员工都会全身心地投入工作。这个比例高于 NBA 中的扣篮率（2017—2018 赛季扣篮率是 89.4%）。换句话说，如果员工强烈地感受到他们的观点在职场上受到重视，那么就像一次扣篮，他们会在自己的工作中，活力四射，全力以赴并专心致志。

让员工强烈地感受到自己的观点是受重视的，这件事说起来很容易，做起来却很难。我在前面提过，大多数人认为，他们有开放型心态，不管事实是否如此。尤其领导者都是这样看待自己的。询问领导层或者管理层的任何一个人，他们是否有开放型心态，他们的回答一般都是肯定的。但是，更多盖洛普公司的数据显示，只有大概 30% 的美国员工会全心地投入自己的工作，也就意味着，大多数员工没有感到自己的观点在职场上受到了重视。这就说明，管理者的心态并不如他们所认为或需要的那样开放。

也许这个结论并不出人意料。在《情商 2.0》中，作者特拉维斯·布拉德伯利和吉恩·格里夫斯写道，看看公司里员工的情商水平，你会发现，那些情商最高的人都是中层管理者。在你往公司高层努力奋斗的时候，情商也会迅猛下降。通常来说，执行官团队里的人都是机构里情商最低的人。

在我个人的心态研究中，我已经开始探索，为何领导者会感觉自己的心态是开放的，而他们的下属并不觉得自己有发声的机会。如果你是一个监管者、导演、管理者、教师或者父母，你或许会认为我的发现让你大开眼界。即使管理者只是在个别场合或是在一小段时间里表现出封闭型心态，他的员工也会认为这个管理者有封闭型心态。这就类似于 2011 年发表于《今日心理学》的一篇文章所讲，一个正面、积极的语句需要重复 10 次甚至更多，才能变成一个人的核心信念。但是一个负面消极的句子或者批评，只需要 3 秒钟，就能让人永生难忘。封闭型心态的表现，哪怕时间很短，在他人眼里都是生厌的，让你看似令人难以靠近。

如果你是一个管理者，面对迫在眉睫的最后期限日，你往往会深感压力重重，你自然就会完全无法接受可以改进或者改变决策的任何观点，你就很有可能让他人在今后都不愿表达他们的任何想法了。如果你是一名老师，坐在班级前排的一名学生对你提出了质疑，你在没有充分确认他的问题前就否认了他的想法，你的学生将来可能就会对你望而生畏，不敢再去面对你。如果你是一个父亲或母亲，你会很容易地拒绝孩子的请求，比如你会说"因为我是你的妈妈／爸爸，这就是为什么你要听我的"，那么孩子将来很可能就不再愿意在你面前敞开心扉，谈论一些他们面临的严肃问题或者内心的挣扎。

如果你想要成为一个他人愿意跟随的领导者，能够有效且积极地帮助他人获得他们的成就，创造一个环境让你所有下属都能在其中充分发挥自己的才干，那么拥有一个开放型心态就是你的不二选择。

拥有开放型心态，你会变得更加成功

拥有开放型心态，你将在生活、工作和领导力上获得更大的成功。

承认自己的才疏学浅，让自己对新想法始终保持一种开放的心态，你将能够在人生的方方面面做出更好的决定。此外，你将营造一个心理安全的环境，让他人能够有最好的表现，与团队的合作最富有成效。最终，了解到你的下属对哪怕一丝一毫的封闭型心态都会很敏感，你就会寻求营造一个良好的氛围，让他们感觉自己可以自如地表达想法，而且这些想法都受到了重视。

现实是，如果你不愿意敞开自己的内心，接受其他人的想法、观点，甚至是反对意见，那么你将永远无法充分发挥出你的潜能。

第 12 章

如何培养开放型心态？

> 只要拥有开放型心态，就不怕未经探索的未知领域。
>
> ——查尔斯·凯特灵

之前提过的拥有封闭型心态的桥水基金创始者达利欧，他从一个拥有封闭型心态的人变成心态极度开放的人，也因此在事业上大获全胜，他的事例堪称一绝。那么是什么让达利欧形成了如此开放的心态呢？用他的话说：

> 我所犯下的惨痛错误，让我不再认为"我知道自己是对的"，而开始意识到"我要如何做才知道自己是对的"。这些错误让我变得谦卑，我需要这样的觉悟让自己不再狂妄自大。我意识到自己可能大错特错，但也好奇为何其他聪明的人会和我视角不同。这促使我不仅要站在自己的角度，也要站在他人角度去

看待事物。那些经历让我看到事物更多的维度,而不仅仅是从自己的角度看待问题。我学会了如何权衡大家阐述的观点,然后自己可以选出其中最好的……这增加了我做对事情的概率,让我给他人带来了更多的惊喜。

值得庆幸的是,除了经历痛苦的错误之外,我们还可以采取其他方式来发展自己的开放型心态。

请记住,转变心态需要改变你大脑里的神经连接。最好的方式就是,采取类似于学习用外语流利地从 1 数到 10 的过程。但是,在这种情况下,我们需要让自己更加自如地表现出开放型心态。我们需要在遇到与自己的观点相互矛盾的信息时,不顾左右而言他,最好直截了当地面对,而不是自动地关闭大脑,应该去悦纳这种观点之间的矛盾性。

为了能够更加自如地表现开放型心态,我们首先需要对自己当下的心态有清晰的认识,然后有目的地、循序渐进地反复加强与开放型心态有关的大脑里的神经连接。

觉知自己当下的心态

如果我们想发展自己的开放型心态,首先需要意识到,我们当下的心态或许并不如我们所认为的那样开放。

这里我给出几条建议,可以帮助你更准确地了解我们当下的心态。

第一，回顾你在前文所做的个人心态测试的结果。在没有恰当的工具或框架的情况下，主观地评估个人心态是比较难的。前文的个人心态测试的结果旨在让你知道，相对于其他数千名被测试者，你的开放型心态的水平是怎样的。这给你提供了一种难以在其他地方做到的客观性。

第二，加深对心态的理解，探索你的人生目标和内心恐惧。

让我们先从目标谈起。人们一般会选择3个主要目标中的一个来激励自己的行为：掌握本领、表现优秀或避免不良表现。后面两个目标通常会被认为是行为表现里的两种不同类型的目标，因为它们的焦点都在于，与他人或某个标准相比，他们的表现是怎样的。

以大学生为例。他们会有怎样的行为表现，其动力一般来自他们渴望学习和掌握知识、取得好成绩（比如得到等级A），或者避免考试不及格。

如果我们的主要目标是关于行为表现目标中的一个，那么就说明，我们或许有更多的封闭型心态。当我们很重视自己的优异表现时，我们通常会认为，接受新的或不同的想法就是在降低自己的行事效率，或者在暗示，我们比他人的表现要逊色。或者，当我们主要关注如何避免不良的行为表现时，我们就会倾向于坚持禁得起考验的真理，不喜欢模棱两可，甚至会认为他人的建议和新观点是在提示我们就要失败了。在这两种情况下，我们拥有封闭型心态是一种自我保护的方式，让我们因为顾及自己的恐惧而想的太多。

如果我们没有积极努力地实现自己的目标、有目的地发展自己的心态，我们内心的恐惧就会操控我们的目标和心态。下面这些恐惧的想法，如果是在当下发生的，那么将会导致我们无意识地通过发展封闭型心态来保护自我。

- 恐惧被他人看到自己的错误。
- 恐惧不能把控一切。
- 恐惧不确定性。

我们会因为任何一种恐惧而要努力保护自我。自我就是我们如何感知自己，其他人如何看待我们。想想那些不愿听从塞麦尔维斯建议的医生，尽管他所建议的行为能够拯救更多的生命。我们的自我会理所当然地告诉我们，我们如若接纳他人的想法，就是在承认我们的做法行之无效，没有尽头，没有将一切掌控好。

由自我驱动造成的恐惧绝不是一个玩笑话。它们通常在我们心中根深蒂固。我们必须意识到，如果我们的内心有那些恐惧的想法，我们最终会害怕自己成为或表现成脆弱的人，而且我们会倾向于认为，保持开放的心态是一种示弱的表现。具有讽刺意味的现实是，当我们因为那些恐惧而有所行动时，我们确实看起来很脆弱。开放的心态和敢于承认自己的浅薄，都不是在表现你的软弱。敢于显示出谦卑和脆弱需要强大的力量。

第三，将各种与封闭型心态相关的特征联系在一起。只有真正地了解和感知与封闭型心态有关的特征，才能够帮助我们正确地辨认自己的心态。封闭型心态的特征主要包括以下几种：

- 感觉要采取防御行为或自我保护行为。
- 当有人反对你时，自己会有一种挫败感。
- 不愿意听取他人的意见，会迅速表示拒绝。
- 感觉受到催促或有压力。
- 要在孰是孰非的问题上分出高下。
- 对他人给出的意见极力地做出解释，而不是听取他人的意见。
- 认为自己比周围其他人懂得更多。

最后，和他人谈谈他们对你的心态的看法。如果你能营造一个氛围，让你的爱人和你的同事感觉他们能够在其中轻松自如、坦诚地给你提出意见，以及如果你的心态足够开放，认真地接受他们的观点，而不是否认他们的观点，那么你将能够更充分地觉知到自己当下的心态正处在封闭型心态／开放型心态这个模型中的哪个层级。

主动加强与开放型心态有关联的大脑神经连接

如果你希望转变自己的神经连接，让自己能拥有更多的开放型心态，下面送你 6 条建议。

冥想

记住，冥想可以提高我们转换心态的能力。它加强了我们的认知力，颠覆了我们与生俱来的神经连接模式，可以有意识地让你的行为更有目的性，行动更加积极。

改变你的认知

我们给自己设定的对事物的认知与我们的心态相互交织在一起。当我们拥有封闭型心态时，我们的认知具有以下几个方面的特征：

- 我知道的足够多了。
- 我是对的。
- 我在这个问题上的看法是很好的。
- 我是一个专业人士。
- 他们都不知道自己在讨论什么。
- 他们不如我有经验。

为了让自己的心态更加开放，我们必须提高自己的认知水平。你可以使用如下语句来提醒自己，进一步开放自己的内心：

- 我总是能学到更多。
- 我或许错了。
- 我不可能看到事物的每个方面。

- 尽管我可能懂的很多，但是还有很多东西我并不了解。
- 创造力需要我们去探索激进的观点。
- 我能向任何人学习。

为了进一步提升自己的认知，想想你在人生中有多少次是真正地拥有开放型心态。你是如何获得那种思维框架的？是容易还是困难？最后的结果如何？你的处境是否比以前更好？是什么阻碍了你保持那种开放型心态？如果你能够记得有多少次毫不费力地改变了自己的心态，而且记得它曾给你带来的那些好处，那么这有助于你改变曾经对事物的认识。

当我问自己这些问题时，我就意识到我通常会有封闭型心态，总是不愿得到他人的指点。我曾经认为，我不应该依靠他人。否则，我就成了他人的累赘，会被视为一个思想贫乏、愚钝笨拙以及依赖性强的人。但是当我反思我曾经向他人寻求意见和指点时，我鲜少被看成我认为的那种人。事实上，这样做可以让我更加高效地行事。这种快速的反思过程帮助我改变了很多认知，也使得我从一个认为"提问令人感到糟糕和尴尬"的人，变成了一个认为"提问可以让人得到帮助并受益匪浅"的人。

为了激发你改变自己的认知，请仔细地想一想你在发展更多的开放型心态时所收获到的那些好处：

- 变得越来越容易让人靠近。

- 思考的方式越来越好。
- 变得对他人越来越有积极的影响力。
- 变得越来越有创造力和创新力。
- 营造一个更加让人愿意投入生活／工作的环境。

如果我们能够经常有效地处理好我们的认知，那么我们将能够不断地加强我们大脑里与开放型心态相关联的神经连接。

改变你思维的容量

让我把你的思维比作一个水桶。把水桶想象成你所知道的和一个话题相关的所有信息，桶里的水就是你的知识水平。

现在，我们来选择一个话题。从一个你很擅长的话题开始，那么你的水桶里的水会有多满？

当我们拥有封闭型心态时，我们就会相信我们的水桶里已经装满了水。当水或新的知识被倒进水桶里时，水桶不能盛下这么多水，那么水就会溢出来而流掉。

为了拥有开放型心态，我们需要改变我们对水桶（思维）里盛水量（知识）的认识，我们应该允许水桶（思维）里留出更多的空间给新的信息和想法。这就意味着，我们要么在水桶里减少水的分量，要么打开思维，让自己认识到水桶本身或许可以变得比我们最初认为的更大一些。

从一个装满水的水桶（"我无所不知"）变成一个还能继续盛水的水桶（"我必须开发我的潜能，扩充我的知识和理解力"）并不总是一帆风顺的，尤其在情绪激动或时间紧迫的情况下。下面的一些建议，能够帮助你从整体上和在某一刻改变水桶的容量。

- 整体上
  - 花一些时间进行反思。在经历了情绪复杂的交流和情况后，回想一下你是如何处理这种情境的，以及你在"情绪激动的时刻"内心有多开放。
  - 在做决策时，确认你已经清楚地了解了所有成员的观点。
  - 找到那些与你对立的观点和想法。

- 某一刻
  - 在任何时刻，问一问自己"我是否有封闭型心态或开放型心态"，只是问自己这个问题，就能激发你的心态变得更加开放。
  - 问问自己："我是否希望自己是对的，或者希望自己知道千真万确的真相？"
  - 为了确保你在客观上能够权衡所有事实，而不只是关注你看重的事实，问问自己："我是否可以清晰地指出给我带来这个处境的真相？"

做一个有效的管理者

当我与一些机构合作培养他们的领导者时,我偶有机会就领导者的心态问题采访到他们的下属,他们通常认为他们的领导都有封闭型心态。于是我开始给领导开设教练课程。我一般会在一开始就针对心态问题向领导者发问,几乎每一次,领导者都说他们有开放型心态。每次听到这样的回答,我都会告诉他们,他们的下属并不认同这样的回答,然后让他们解释这种分歧。

我往往听到领导者会给出一个普遍的借口。尽管他们认为自己有开放型心态,但是他们感觉自己不可能随时随地都能表现出开放型心态。因为一些迫在眉睫的截止日,他们必须把重点放在决策的实施上,这就导致他们无意识地表现出了封闭型心态。

我十分理解这种观点。我在盖洛普公司工作期间,任何一个时刻,我都是在和5~10个客户团队工作,每个团队都有自己的项目领导。有趣的是,每个项目要求领导必须完成的时间大致相同,但是有些领导行事效率高,总能提前完成任务,还有一些则总是匆匆地赶在截止日前交付。这就影响了项目团队的成员保持开放型心态,与之相应的,也影响了我们的工作质量。

这些经历让我明白了,要想保持一种开放型心态,需要就此刻意地创造一些空间。如果我们总是受到日常工作的羁绊,那么我们的行事方式就会形成一种条件反射,而不会带有目的性。大多时候,我们将时间和日期抛诸脑后,但是最终还是被最后的期限左右,而不是自己掌控时间。如果是这样，我们就会违背自己的初衷，让自己表现出封闭型心态。

这意味着，我们需要经常有意识地给开放型心态留出一些时间和空间。

史蒂芬·柯维（Stephen R. Covey）在《高效能人士的七个习惯》一书中写道，根据不同事情或任务的重要性和紧急性，人们所投入的关注力也不同。为了让这个说法更生动些，柯维给出了"时间管理矩阵图"（见下图），图中呈现了两个维度、四个象限的内容。这个矩阵图可以让我们掌握，我们是如何安排自己的时间，以及从时间管理角度看，我们的时间主要都花在了哪些方面。

	紧急	不紧急
重要	**必要性** 需要即刻关注的事。条件反射式地解决问题。我们需要减少在这个象限里的任务。	**优质性** 习惯性主动出击的行动，会减少第一象限的行为。在这一象限里，我们能够看得更远，而不只是关注眼下的事情。我们需要增加这个象限里的任务。
不重要	**欺骗性** 很多事情看似必须去做（比如回邮件）。我们无法回避这些事情，但是我们需要做个计划，确保它们不会影响我们在第二象限里的任务。	**浪费性** 消磨时间的活动（比如浏览社交媒体）。我们需要避免做这些事。

如果我们花了大量时间只为在最后期限前完成任务以及解决问题，或只是做一些其他人要求的事情，那就说明，我们主要是在做第

一象限里的事。为了评估你是否在从事第一象限里的事,想一想:你是在要求起床时间的最后一刻才醒来,还是会提早醒来,有充足的时间做自己的事情,用心过好每一天?你是从一个紧急与否的角度去做事,还是从一个重要与否的角度去做事呢?

当我们在做第三象限里的事时,我们就是在被一些文字信息、电邮或者过多的会议束缚,而不能让自己专注于那些必须要做的事情。

不幸的是,大多数人是在做第一和第三象限里的事。如果是这样,我们就更可能会感觉到自己不能把控自己的行为,从而滋生自己的封闭型心态。

如果我们长时间机械地看电视、浏览网页,或者在社交网站上耗时太多,那就说明我们在做第四象限的事。这种类型的活动一般都缺少目的性。

现在只剩下了第二象限。这是最理想的一个象限,我们可以在这里创造一些可以发展开放型心态所需要的空间。做第二象限的事情,能够给我们提供一些心理空间,让我们接收到新的、不同以往的,以及多样化的观点,还能让我们得到一点儿时间上的空闲,可以对这些观点进行权衡,而不是匆忙地与它们擦肩而过。这样我们就可以专注地做一些可以提升我们开放型心态的活动,比如冥想。

向他人咨询可以提升开放型心态的好方法

如果你想从别人那里了解到自己心态的开放程度,你也可以让他们给你提一些提升开放型心态的建议和意见。这样会让你的心态变得更加开放，也更能暴露你的问题和不足，它还能帮助你更好地了解，你出现封闭型心态时的具体情况（比如你的盲点）以及你为什么会在那些情况下出现封闭型心态。在这个过程中，你将能得到快速达到目的和从细微处改变自己的好办法，从而成为更好的自己，更好的员工和领导者。比如，你或许会听到他人对你的反映，说你曾在会议上第一个提出建议，由此限制了会议的正常讨论。听了这些反馈，你很可能只是做了一些不起眼的调整和改变，却给公司带来重大的影响。如果你变得更愿意追求真相以及提出问题，将有助于你的团队做出更好的决策。在你的家庭里，如果你更愿意接受批评，将有助于你变成一个更好的配偶、父母或孩子。最终，你会更加明白，即便不是完全开放的心态也会对你的周围人产生影响，推动他们采取行动，给你创造出一定的空间，让你可以好好地提升自己的开放型心态。

关于这个过程，达利欧这样说道：

> 我们所有人都有着很不完整或相当扭曲的观点……看到自己的不足有助于成长。首先，大多数人仍然会固守自己的想法，顽固地认为他们的观点是最好的，认为其他那些与之观点不一致的人的看法都是错误的。但是，当他们反复直面"你是如何认为你没有错"等问题时，他们就会被迫直面自己的迷之自信，然后明白，看问题不仅要从自己的角度，也要学会从他人的角度……大部分人一开始觉得这个过程让人很不舒服。尽管他们

会在理智上赞同这个做法,但是显然他们在情感上不是很愿意这么做,因为这让他们将自己从那个总是表现正确的自我中剥离出来,然后努力看到他们之前难以认清的事实。

了解提升开放型心态的相关信息

在我努力提升自己开放型心态的过程中,最有助益的办法之一就是了解更多开放型心态的价值及其积极含义,并且识破封闭型心态设下的圈套。下面给大家提供一些最能帮助大家的著作:

- 《创新公司》,艾德·卡姆尔著
- 《原则》,瑞·达利欧著
- 《深刻变革》,罗伯特·奎恩著
- 《池底》,安迪·安德鲁斯著
- 《正义之心》,乔纳森·海特著
- 《新世界》,艾克哈特·托尔著
- 《确定无疑是种罪》,皮特·恩斯著

总结

为了努力获得开放型心态,我们要把焦点放在寻求事实的真相上,而不要无谓地担心自己信息匮乏,要对通往目标道路上的障碍和困难充满强烈的好奇，培养对不同观点的兴趣，愿意承认自己的错误，愿意听到别人指出自己的错误。你需要和曾经总是要给出正确答案的你、看起来完美无缺的你，以及感觉能掌控一切的你，告别！

　　总而言之，这需要我们具有谦卑的姿态，让我们可以构建出一个让人心理安全的文化氛围。因为这对于任何团队在取得成功和提高工作效力方面都至关重要。达利欧的书中提到，一个开放的心态"需要你能够摆脱自以为是的自己，而变得乐于学习和了解事实的真相。彻底的开放型心态会让你脱离'较低层级的自我'的掌控，确保'较高层级的自我'会考量所有好的选择，然后做出尽可能最好的决定。如果你能获得这样的能力（只要练习就能获得），你将能够更有效地处理你的现实问题，以及彻底地提升你的生活质量"。

第四部分

进取型心态

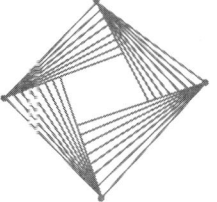

第 13 章

防御型心态 / 进取型心态

> 如果这是一条容易走的路,那么可能是因为它并不是一条路,你也不在这条路上。
>
> ——克雷格·隆斯布罗夫

毫无疑问,世界杯足球赛是世界上最大的一项体育盛事。像奥运会一样,这个足球锦标赛每 4 年举行一次,为期一个月,约有超过 200 个国家的 30 亿人观看比赛,成为世界上观众最多的体育赛事。世界上最好的国家足球队在比赛中(32 支参加男足世界杯和 24 支参加女足世界杯)聚集一堂相互竞技,为国争光,争夺世界冠军的殊荣。对于那些有幸参加世界杯比赛的人来说,这个赛事成为他们职业生涯里最重要的时刻之一。由于背负着国家对自己的厚望和期待,他们往往承受着巨大的压力。

也许你对世界杯足球赛不是很了解,我先做一下简单的介绍。在一场比赛中，如果两队在正常的 90 分钟赛程和两个 15 分钟加时赛里都踢成了平局，那么比赛的胜负就由点球决定，来自两队的队员要轮流站在罚球点进行射门，罚球点离球门只有 12 码，球门只有对方球队的守门员把守。每个球队有 5 次射门机会，每次选派一名球员担任射手。这种独自面对的压力令人生畏。

想象你就是一名射手，你要如何利用这个机会和挑战，尤其是在经过了将近 120 分钟的比赛之后，还要被召唤来临门射出一脚球呢？你是否会想"为了让球队获胜，我必须踢进这一球"，或者"为了确保我的球队不输比赛，我必须进球得分"？每种思维方式都代表了一种的心态。

在分析了世界杯历史上所有的点球后，研究者盖尔·乔伐特（Geir Jordet）和艾斯特·霍特曼（Esther Hartman）发现，一个球员如何对待他们发出的点球，将会大大影响他们的行为和最终的表现。他们发现，尤其是当球员要面临一旦失球自己的球队就会失利的局面，他们往往会不敢面对和注视对方的守门员，准备得更仓促，改变射门方式的概率只有 62%。但是，如果球员面对的是一旦进球得分就能让自己球队获胜的局面时，他们往往会花更多的时间面对和注视对方的守门员，并且用两倍多的时间目测射门角度，调整自己的站位。他们改变射门方式的概率将会达到 92%。

防御型心态/进取型心态

如果一个人在生活中总是要躲避问题，不想有所损失，那么他就会采取防御型心态。但是，当他在生活中想要有所得和有所赢时，他就会受到进取型心态的影响。这些心态和它们在我们的生活、工作和领导力上分别起到的作用，是根据一个两极模型展现的。防御型心态属于消极型心态，而进取型心态属于积极型心态。正如前面所讨论过的两套心态体系一样，这组心态也具有深远的意义。

为了更全面地描述这些心态的不同之处，让我们看一下轮船船长是如何依照他们的心态以不同的方式操控轮船的。

当船长拥有防御型心态时，他们的视线总是盯着海上可能出现的危险状况，他们的主要目标就是不要沉船。因此，船长在操控船只的时候，除了保持警惕、寻求安全和安稳，别无他求。如此这般，他们往往会特别在意规避问题和风险，因为这些事或许会"把事情弄糟"，危害到船员的安全。在这样的心态下，船长不太会关注轮船的特定目的地或者航行的方向，只要船是安全的就好，绕点儿路也没关系。这里暗示两个问题。第一，如果大脑里没有一个清晰的方向，船长就会尽可能选择容易的路线航行，即顺着风浪航行；第二，由于暴风雨会增加沉船的风险，船长往往会主动躲避暴风雨，然后不断地朝着更平静、更安全的水域航行。

有进取型心态的船长则会以不同的方式驾驶轮船。他们主要目的是要抵达一个明确的目的地，因此会专注于朝着目的地努力航行。

这些船长不希望船沉，但是他们明白，航行的途中不可避免地会遭遇暴风雨和湍急的水流。他们预测到存在这样的潜在问题，并且做好了相应的防御准备，愿意为此承担风险，并且认为，要想达到目标（尤其是做某件伟大的事）是需要为之承担一些风险的。因此，有着进取型心态的船长的主要目标就是到达目的地，而不仅仅是保证安全和稳妥。

两种类型的船长工作都一样，但是因为他们有不同的心态，思考和行事的方式就大相径庭。实际上，一个有防御型心态的船长所掌舵的轮船，无异于一只救生筏，被风浪吹打着，漂向一个并非船长所期望的目的地。而一个有进取型心态的船长往往愿意冒着海上的风浪抵达自己的目的地。有防御型心态的船长往往会选择最容易的路线，而有进取型心态的船长却做出了最好的选择。

是否大多数人都会一心一意地奔向一个清晰的目标，或者只是漫无目的地随波逐流，躲避问题和障碍呢？这就是以目的为导向和以舒适为导向的不同之处。当然，这两种人我们都或多或少认识一些。但现实是，如果我们不主动地给自己选择一个清晰的目标，我们在生活中就会着重回避问题和增加舒适度——这是成为平庸之人的"秘诀"。

你是哪种船长呢？

有许多不同的语言可以用来形容这些心态。问一问你自己：

- 你是生活中的一个过客（防御型），还是生活中的一个驾驭者（进取型）？
- 你是优先安排自己日程表里的事情（防御型），还是将优先重要的事列入日程表（进取型）呢？
- 你是一个受制于环境的人（防御型），还是一个主动为自己设定目标的人（进取型）？
- 你是要做简单轻松的事（防御型），还是想要实现自己的目标（进取型）？

在你的个人心态评估中的两种描述、问题和结果之间，你应该能够清楚地看到你的主导心态。你是哪一种船长呢？防御型，还是进取型？

在我的过往经历中，这两种心态交替出现。上高中，我参加了大量的体育运动，那时的我有进取型心态。我有致力于完成的明确目标，即使那意味着要牺牲个人的安逸生活。我确定每天要留出一些时间来做训练或提升技能。也只有这样，我才能让自己离目标更进一步。

高中毕业后，我背井离乡，去上大学。我迅速地明白了一件事，生活不易。在学习如何生活的过程中，我养成了一种心态，那就是"如果我能避免问题，我就认为自己是成功的"。在我成年时代的大部分时光里，我都时常保持这样的心态。我尽力规避债务，就像躲避灾难一样。我立志做一名教授，因为我认为，那会给我的生活带来一种稳定感，可以保持工作与生活的平衡，从而将生活难题最小化。我从没想过要做一个企业家或自己创业,因为假若如此,我的脑袋里就会拉响警报:"危险!危险!危险!"

我一度从大学告假去盖洛普公司工作,这一行为在很大程度上就是在试图增加自己的财务风险。但是我之所以这么做,是因为自己原来工作的州立大学提供的薪水要比市场价低,而且3年的签约奖金即将到期,我又是住在美国生活成本最高的地区之一——加州橘子郡。

我一直拥有一种防御型心态,直到在我的生活中同时发生了3件事:

- 我在盖洛普公司的工作没有起色,因此我又回到了加州州立大学富尔顿分校。
- 在离开盖洛普到大学新学期开学前的那段时间,我有闲暇时间反思自己的生活。我感觉自己没有做我这个年纪该做的事,或者说所做的事情与我的预期目标相去甚远。这就激发了我开始更多地思考自己的目标,以及我要通过自己的职业为社会做怎样的贡献。
- 我开始深入地研究心态,并且了解进取型心态和防御型心态之间的差异性。

在需要提升自己的财务收入、制定更加清晰的人生目标、应对自己的防御型心态这三者之间,我被迫意识到了自己的防御型心态,并且开始有目的地发展自己的进取型心态。在离开盖洛普公司后的几个月内，我的进取型心态得到了一定的发展。我做了几件之前从来不会做的事：我开始创业，负债雇人帮我开发一个并不会迅速产生收益的网站，以及决定写这本书，为此还花钱参加网络作家工作坊，学习如何成为一个成功的作者。

回顾那段时间由于自我意识的提升而带来的人生转变，我现在能够清晰地看到，在我的心态转换之前，我是一个非常不愿意在人生中顶风向前、逆流而上的人。当我看到远处的暴风雨时，我往往就会立刻冲进避风港，即使我所渴望的目的地是在暴风雨袭来的方向。我只是缺少一种积极的心态和勇气去面对成功路上不可避免的大风大浪。虽然我非常幸运地并没有因此被置于悲惨的境地，但它确实让我离自己的初衷渐行渐远。

自从开始发展进取型心态，我感觉自己在不断地与各种风浪做斗争。我现在一直努力把自己从舒适圈里拉出来。我也在不断地学习如何做一些新的事情（比如写博客、上播客、出版和推销自己的书、投身咨询业务）。我现在做尽可能多的事情，即使是有些冒险性的，这样我才能知道哪些事情我能坚持下来、哪些不能，从而更好地让自己在人生的大海里航行。

再举一个简单的例子。我在第一次创业的时候，遇到了许多有类似经营模式的企业家，他们看似通过创办网络课程挣了不少钱。我也决定一试身手，开设一个短期网络课程，教授如何写出一份与众不同的简历。我投入了相当多的资金和时间以期实现这个计划。最终，我没有得到我预想的收益，但我并没有将这件事看成是一次"失败"，而把它当作一次十分难得的学习机会。这让我知道了什么样的努力是有效的、什么样的努力是无效的。我从中明白了，我还没有做好开设和教授网络课程的准备。回顾这段经历，我并没有因为没有做成这件事而感到自己被打败了。我现在反而觉得，正是有了那段经历，我更加明确了自己的努力方向。我认为正是那次失败让我加快了自己朝目标奋进的步伐。

我过去害怕激流风暴，但经过一段时间的斗争，我感悟到，勇敢面对风暴并不像怀有防御型心态的自己所想的那么可怕。事实上，我发现与风暴抗争很有趣，它使我觉知到自己正在进步。

为何人们会形成防御型心态？

许多证据表明，防御型心态或许是我们默认的心态。将近一个世纪的心理学研究多次发现，我们天然倾向于选择规避损失，而不是制造收益和带来积极体验的行为方式。比如，丢失50美元给人带来的伤心感觉，要比得到50美元所带来的快乐感觉强烈得多。研究者兰迪·拉森（Randy Larsen）发现，负面的事件和经历会比积极的事件和经历更能够让人迅速铭记于心，而且我们还会为此沉湎许久。这就是所谓消极偏见，它意味着：我们天生就会拥有防御型心态（我们默认自己没有一个明确的目标），因此发展进取型心态需要我们调动更多的内在能量，克服预设的心态模式和社会规范，接受"在商业活动和生活中，冒险是成功的必由之路"这一事实。

说到拥有清晰的目标，我发现很多人并没有明确的目标。在一个非正式的研究中，我邀请了 110 个参与者。我发现，尽管其中 80 个参与者（73%）认为有自己的目标，但是只有其中 12 个参与者（11%）能够清晰地说出自己的目标。这说明他们对目标这件事真的审慎地思考过。为了证明这些研究结果，领导学专家尼克·克雷格（Nick Craig）和斯科特·斯努克（Scott Snook）发现，仅有不到 20% 的机构领导者有明确的个人目标。

当一个人没有清晰的目标时，他通常会默认自己的目的就是为了安逸和舒适。他们思考、做决定和行为的方式都是在使自己的舒适感最大化。尽管这个方式入情入理，但是这会导致他们选择做最容易的事，而不是做必要且最有价值的事。

此外，我们的文化环境也塑造了我们的心态。企业文化在规避风险方面各不相同，寻求与企业文化相适应的员工往往会倾向于跟随企业的集体心态。

在过去的几十年里，这家企业认为，一旦在面对客户时发生错误，客户就会失去对机构的信任，继而可能会另寻其他合作伙伴。这种企业文化很显然就是把预防错误和问题放在了工作的首要位置，而不是增加公司的市场价值和提高客户的信任度。如此这般，企业文化往往不会鼓励员工尝试给客户提供新的服务或服务方式，因为这样做他们要承担更大的风险，那就可能会犯更多的错误，制造更多的问题。此外，假如企业准备推出一个新产品，那么它需要经过相当多的实验，以确保产品不会出现任何问题或者漏洞。结果就是，企业在市场上会一直迟迟不能推出新的服务工具、资源以及新举措。正是他们故步自封的防御型心态导致了服务质量平平，止步不前。

我与机构的合作越多，就越发现这种情况并不罕见。人和企业的行事，如果不带有目的性，那么就很容易自动选择避免损失，而不是获得利益，由此发展出集体性的防御型心态。尽管企业的领导者能够快速给这样的心态找到借口，但是他们一般无法意识到，这种心态在无意识地扼杀创新力、创造力、高质量的客户服务，以及最终长远性的成功。

总的来说，拥有防御型心态是一件轻而易举，甚至自然而然的事情。因为我们往往倾向于告诉自己，只要我们限制住问题的产生，生活就是平静的；不冒险就能感到安全；只要不挑事，就是好员工。但是我们很难意识到，没有问题、不冒险以及拒绝改变并不等同于成功。当我们有了防御型心态时，我们或许避免了失败，但也不可能取得成功和成就大事。

你在生活中是一个驾驭者，还是一个过客？

如果我们的最终目标总是关注如何回避损失，而不是如何获得收益；默认追求舒适是生活的目的，以及允许周围的文化环境塑造自己的心态，我们就变成了人生的过客，而不是驾驭者。我们很难看到这个真相，我也不例外。误将我们的各种活动和忙碌的行为当作进步，实属轻而易举的事。但是我们无法看见的是，那些选择了有最少障碍的路而一事无成的人，却认为自己的行为和那些成功攀上高峰的人相差无几，只是自己的方向不是最理想的罢了。

只有当我们确立了一个目标，让自己在人生旅途中有了方向感时，我们才能成为自己人生的驾驭者。带着进取型心态，我们可以制定自己的人生路线，愿意跨越崎岖的道路，顶住逆行的水流，到达我们所向往的高远且宏大的目标。

第 14 章

熟悉的不一定是最好的

> 人生的幸福,不在于你完成了一件易如反掌的事,而是在于你竭尽所能地完成了一项艰巨的任务之后,感受到意犹未尽的满足。
>
> ——西奥多·艾萨克·鲁宾

马丁·塞利格曼(Martin Seligman)是当代最有影响力的心理学家之一,也是宾夕法尼亚大学的心理学教授。他是积极心理学之父,积极心理学运动始于 1998 年,正值塞利格曼入行 30 年之际,当时他正担任美国心理学会的主席。

塞利格曼开始主席任期的几个月后,他在花园里除草时,与女儿妮基的一次不起眼的简短交流成了他人生中十分关键的时刻。"我不得不承认,即使我写了关于儿童的书,我也不是那么擅长与孩子相处。我做事很有目的性,也很有时间紧迫感。当我除草的时候,我的确就想尽力把草除好就行。"他回忆道。

一天,塞利格曼又在花园里例行公事,想着把杂草弄干净。妮基一边唱着歌、跳着舞,一边将杂草扔向空中。看到女儿滑稽的举动干扰了自己的工作,塞利格曼冲女儿大吼了一声。妮基随后就走开了。当她回来时,父女之间发生了下面的对话:

妮基:爸爸,我想和你谈谈。

塞利格曼:嗯,妮基?

妮基:爸爸,你记不记得我5岁前的事?我从3岁起就是一个喜欢抱怨的小女孩,每天抱怨个不停,我5岁生日时决定不再抱怨了,这是我做过的最艰难的决定。我能不抱怨,你也可以不再发牢骚。

塞利格曼听了女儿的话,有一种醍醐灌顶的感觉。他意识到,抚养妮基不只是纠正她爱抱怨的毛病,而是去"探入她的灵魂,将其放大,滋养它,引导她活得充满生气,帮她扬长避短,应对不幸。他突然意识到,养育孩子不仅是纠正他们的错误,更是辨别和培养他们的优良特质,帮助他们找到能够展示他们优点的最佳方式。

经过这一次,塞利格曼决定做出一些改变。他不仅要改变自己,还要改变心理学的研究领域。

21世纪到来之前,绝大部分心理学研究者都专注于研究如何修复一个人受到损害的行为模式。几乎没有人会关注人是怎样蓬勃发展、茁壮成长和完善自我的。业界所有学者都在关注如何将人的消极心理状态变得不再消极，而不是让消极的心态变成积极的心态。

意识到这一点，塞利格曼号召美国心理学会加强对积极心理学方面的研究。短短几年之后，他开始发展积极心理学，这个行为科学领域尤其关注生活中的积极因素，即什么让生命变得值得。由此也促进了心理学研究核心的改变，将培养积极的心理特质纳入心理学研究。

与传统心理学相比，积极心理学直接阐明了进取型心态和防御型心态的不同。防御型心态是限制和纠正糟糕的事情，主要是极力将一个人拉回正常的状态（传统心理学）。但是，避免糟糕的事情，并不意味着一定就是制造好事。不生病不等于你就是健康的。从另一方面讲，进取型心态注重让一个人从一个正常或好的状态变得更好（积极心理学）。

我有一个与人们的健康相关的例子。大多数人只会在身体出问题的时候去看医生。只有极少数的人会单纯地想要改善身体状况，做一些预防性的保健，为提升健康去看医生。

我们能在生活中的诸多方面看到这种心态。下面的表格就描述了拥有防御型心态和进取型心态的人是如何以不同的方式看待盈利性、效力性、可靠性、道德感、人际关系，以及应对能力。与之相应的，这些不同的看法会导致有防御型心态的人在思考力、学习力和行动力上，与有进取型心态的人存在诸多差异。

有防御型心态的人		有进取型心态的人
无利可图	营利性	慷慨大方
徒劳无功	效力性	出类拔萃
事倍功半	可靠性	完美无瑕
道德沦丧	道德感	刚正不阿
针锋相对	人际关系	体贴周到
萎靡不振	应对能力	精神饱满

思考力

当我们没有一个明确的目标时，就会很容易形成防御型心态，只注重让自己不要失败，避免问题和风险，寻求安逸，谨慎行事。但是当我们的目标很清晰且已箭在弦上时，就会采用进取型心态。目标就是，获得成功、预测可能出现的问题、承担风险、寻求收益，以及取得进步，即使在此期间你会有所不适。这样看来，根据不同的心态，我们思考和处理情境的方式就会有所不同。

例如，作为两个孩子的父亲，我将开始一项艰巨的日常任务：养育孩子。作为一个父亲，如果没有一个明确的目标，我就只需要保证每一个孩子快乐和健康。当问题出现时，比如孩子为争夺一个玩具打架、东西被打碎或者他们用了比我预期更长的时间才完成一项任务（比如穿鞋），我就会立刻变得情绪化，甚至生气。我的思维很快适应了高效进入解决问题的状态——不一定是最有效的方式。但是，如果我在抚养孩子时带有一定的目标，且有进取型心态，我就会更加注重在孩子的成长过程中怎样教育才能得到长期的积极效果，那么我就会教孩子如何学习和成长。带着这种心态，我就不会囿于只让每个孩子保持快乐，我会预测可能出现的问题和孩子的情绪波动。理解了这一点，我就能把这些问题看作教育孩子和产生联结的机会，而不只是纠正了他们的问题就扬长而去。

在懂得了这两种心态的差异性后，我明白了，当我运用防御型心态养育孩子时，我和孩子只有短暂的联系，而且效果甚微。但是在我运用进取型心态教育孩子时，我会更加冷静、明智、有耐心，也变成了一个更好的父亲。我认为那些不可避免且充满挑战的亲子时刻，不是我需要躲避的，而是可以被当作提高孩子更成功且独立地处理自己未来挑战的能力的大好时机。

想一想，这两种心态是如何影响我们对改变的看法的。许多人认为，人们通常会抵触改变，但是这话并不正确。我们会不断地让自己适应新的事情，如果这些事情都简单易行，而且可以让我们的生活变得更为轻松。进取型心态和防御型心态的不同之处就在于，人们重视舒适安逸的程度不同。没有一个明确的目标，那些有防御型心态的人会变成追求舒适安逸的动物。他们找不到什么理由需要让自己做出重大的改变，即使这些改变能让他们的生活变得更好。但是如果有了明确的目标，那些有进取型心态的人就会变得乐意延迟享受，而积极地迎接挑战，朝着他们的目标努力前行，然后实现他们的目标。比如，减肥能让一个人的生活变得更好。但是以健康的方式减肥需要付出巨大的努力、大把的时间等相当多的牺牲。我自己对此深有感触。成年后,我带着防御型心态过了大半辈子。我意识到,自己是可以坚持减肥的,但是考虑到减肥的过程太艰难,以致我从来就没有做过任何尝试。我寻求安逸的心态,遮蔽了我想要获得健康的渴望。但是在提升了进取型心态后,我决定全力以赴去减肥。

2018年春,我减了近30斤,而且从此以后,我一直保持这个状态。减肥成功后,我的身体指标也得到了改善(比如血压),力量增加了。我感觉自己可以永远跑下去。我曾经一直坚持跑步,但每天只能跑3~5千米。现在,我每天可以有规律地跑上6~8千米,每个周末跑的路超过12千米。轻松的改变或许我们都能接受,但是只有那些有进取型心态的人才会接受困难但必要的改变,去实现一个更远大的目标。

想一想这些心态是如何影响我们做决定的。那些有防御型心态的人会关注什么样的事情可能变糟,而那些有进取型心态的人会关注什么样的事情将能一帆风顺。面对一次旅行的机会,有防御型心态的人会更加关注旅行可能打乱他们的生活和增加开支,而有进取型心态的人会更关注这个旅行能带给他们的意外惊喜和美妙体验。此外,在面对一次职业机会时,有防御型心态的人可能会更多地看重工作的稳定性,而有进取型心态的人可能会更重视自己是否有提升的机会。因为有防御型心态和进取型心态的人会根据与选择相关的不同信息来调整自己。他们会以不同的方式来权衡自己的选择,从而做出不同的决定。运动心理学家丹尼尔·梅默特(Daniel Memmert)、斯特凡·郝特曼（Stefanie Huttermann）和约瑟夫·奥尔利切克（Josef Orliczek）发现，那些有进取型心态的人在做决策时，能给出更多原创的、灵活的以及全面的观点。

由于防御型心态和进取型心态塑造了我们如何看问题、对待改变的机会，以及看待生活里的选择，它们也相应地塑造了我们如何应对那些问题。无数事实表明，我们的心态决定了我们能够在成功的道路上走多远。

学习力

在处理心态方面，我一直认为，追求知识和经验，是取得成功的关键。这个基本前提，在下面的引文里都有所反映。你或许可以把这些名言做成标语贴在工作墙上、台式电脑上以及饮水机上。

> 如果你不愿意改变，没有人能帮到你。如果你执意学习，没有人能拦得住你。
>
> ——齐格·齐格尔格
>
> 在任何领域，不断学习都是对获得成功的最低要求。
>
> ——博恩·崔西
>
> 成功的关键在于终身学习。
>
> ——史蒂芬·柯维

当你意识到获得成功的关键是乐于学习时,问问自己:有防御型心态的人和有进取型心态的人谁更愿意学习,提升自己的学习力,以及更加成功?

当我们拥有防御型心态时,我们往往就会缺少学习的动力。学习通常会将我们置于不适的境地,防御型心态常常会无意识地回避这种情况。

当今的大学生就是如此。许多大学生除了得到一个学士学位,就没有了别的明确目标。他们选课时,常常会选择一些最容易的课程或者最好对付的教授,而很少会考虑哪些课程和导师最能促进他们的学习,以及为他们未来的职业做好准备。

除此之外,我还观察到,那些有防御型心态的学生对学习的关注,只是专注于自己是否能通过学业考核。当他们学习时,就算真的有什么学习技巧,通常也只是做一些表面功夫(比如记笔记、在教材上划重点、复习)。这就不同于那些有进取型心态的学生。他们会重视自己对知识的掌握,会采取一些深层次的学习策略,比如制作图表、写注解、做些自测练习等。

不论我们做什么,想让自己获得更大的进步和提高,就需要获得新知识、学习新任务、掌握新技能。这就如同爬楼梯,当我们上到一个新楼层时,就要适应新的环境,直到我们需要再继续上一层。当我们有防御型心态时,我们会选择忽略接下来要面对新困难和新任务的事实。我们试图在当下找到舒服的感觉,然后因为不得不继续提高而心生抱怨或一蹶不振。拥有这样的心态,我们会很正常地试图让自己尽可能长时间地停留在原位。但是当我们有进取型心态时，我们就常常会期盼下一步的行动，在心理上为此做好准备，希望尽可能地让自己取得更大的进步，以及为了向前迈进，乐意接受继续提升的机会。

当比较这两种心态时，很明显，哪种人经过的道路会更加险峻呢？

行动力

为了展示心态是如何影响学习力和行动力的，让我分享一件我和女儿之间发生的事。

两三年前，我带着那时只有 5 岁的女儿去尝试之前有段时间要求她学习的本领——滑冰。你可以想象，当我们来到冰上时，她站都站不稳。这在我的预料之中。我试了很多种办法来帮她，我一直抓着她的双手，跟在她后面滑、在前面面朝她倒着滑或者滑到她的旁边。一个滑冰教练甚至走过来，建议我们尝试四处随意地滑一滑，让女儿可以适应冰面和冰鞋。我们照做了。尽管做了这些努力，我女儿还是坚持她喜欢的方式——依旧靠着墙沿着溜冰场边一小步一小步地滑。这样滑得相当慢。

让她这样滑了一会儿后，我开始鼓励她不倚着墙，尝试不辅助任何东西四处移动一下。她是怎么反应的？她响亮地回答说："不！"她表现出了一个 5 岁孩子的坚定。

当我继续关注她一步步地在场边挪动时，我无法忍受看到其他孩子（甚至有的年龄比我女儿还小）都能在冰上放飞自我，有的甚至能表演简单的技巧和跳跃动作。尽管我在抚养和教育孩子过程中，尽量不将自己的孩子和别的孩子做比较，但我还是忍不住要问自己："是什么让一些孩子能快速学会溜冰，而其他孩子不行呢？"

当我观察其他溜冰者时，我看到一个孩子一次次地摔倒，然后又站起来接着滑。那时我的脑中闪现一个念头：我女儿正有防御型心态！她特别关注让自己不要跌倒。与之相反，她并不是很在乎学会溜冰这件事，但她肯定是很在意要保护自己。我们结束溜冰后，她得意于自己只摔倒过一次，却不在乎自己学到了多少滑冰的技能。

我从观察女儿和溜冰场上的其他人中发现了他们对滑冰持有的不同心态，不论是防御型还是进取型心态，都在主导着他们的行为以及后续的学习速度。我女儿的防御型心态让她只希望能够紧挨着墙壁寻求安全感，而不敢冒险自己独立滑行，虽然这样的尝试对她学习滑冰有很大的帮助。有进取型心态的孩子，会更喜欢冒险活动，通过尝试新东西提高自己的本领。而且我还意识到，孩子的滑冰技能与他们的天赋几乎无关，而是与他们是否专注于发展技能有关，虽然这个技能会让他们恐惧摔跤。

这让我回想起当初我作为一个年轻的篮球队员所付出的努力。在打篮球的最初几年，我肯定不是最专业的球员。事实上，那些比我更有天赋和更有运动能力的小孩盖过了我的风头，但是我进入初中后从同辈中脱颖而出，变成了一个最优秀的球员。这其中最主要的原因是什么呢？

因为我有进取型心态。我的目的性很强,就是要让自己变成一个了不起的球员。这让我能够专注于学习和发展自己的技能,而不是躲避问题和不适。我愿意为此冒险,以及在比赛中尝试新技能,而我那些有更多防御型心态的队友和对手都不愿做这种尝试,因为他们害怕让自己的表现看起来很糟糕。例如,非惯用手上篮是一个十分重要的篮球技巧,第一次尝试时看起来会很笨拙,所以孩子们一般会回避做这个训练,更不要说在比赛中尝试这个方式。我因为想要变得优秀,所以在球队里是第一个使用非惯用手上篮的人。我想要学习,即使那会让我看起来有些笨拙,或容易投篮失败。从另一方面看,同辈中的大多数人都不愿这么做,大致是因为他们害怕投篮失败,或看起来有损形象。

我研究个体和机构的心态越多,就越能清晰地意识到我之前已经暗示过的结论:恐惧最能将防御型心态和进取型心态区分开。当我们有防御型心态时,我们潜意识里的深层恐惧就会显山露水。我们惧怕失败、担心不确定性、恐惧不适,又害怕痛苦。当这些潜意识里的恐惧成为我们生活的主题时,我们给自己的防御型心态找借口就变得顺理成章了。但是,如果我们能够退一步去审视这些恐惧情绪以及相关托词,我们就能够清晰地看到,尽管我们的恐惧或许在某个时刻是情有可原的,但是最终它还是会拖了我们的后腿。如果能够承认这些恐惧在我们防御型心态里起的作用,我们就能在自己的四周做一个防火墙,降低它们对我们造成的影响。针对我女儿学滑冰这件事,我们给她买了防撞击短裤和护膝,以此来减少她对摔倒的恐惧。我们也让她定期接受训练，帮助她学习滑冰的基本技巧。这些努力都让她在心理上更多地关注自己的学习进程，而不是防止摔跤。

我们也能在生活中做一些类似的事情。如果你有防御型心态，你能做一些什么让自己摔跤时不那么疼吗？你需要学习一些怎样的基本技巧呢？

这些都是很好的问题，让你开始从防御型心态转变成进取型心态，同时发展出与之相关的特质：坚持不懈、坚韧不拔、坚决果断、鞠躬尽瘁、满腔热忱、勇往直前、临危不惧和精力充沛。

第 15 章

向着目标坚定前进

> 如果一个人带着自信朝着自己的梦想前进,并且努力地过着自己想象中的生活,那么他将会在生命中一个不起眼的时刻与成功不期而遇。
>
> ——亨利·戴维·梭罗

你是一个牛人吗?按照珍·辛塞罗(Jen Sincero)的说法,你是。辛塞罗写过两本相当成功的书:《你骨子里是个牛人》(英文版销售超过200万本)和《你在挣钱方面是个牛人》。在这两本书里,辛塞罗通过讲述自己从一贫如洗到家财万贯的经历,教给读者一些通过提升心态来谋取成功的方式。

她的故事十分引人注目。正如她在书里描述的,辛塞罗在成年后的几十年里,一直沉溺于"绝望的垂头丧气和困惑中"以及"自以为是的坚持,富人都是一些名不副实的粗俗之人,为了证明自己的观点,不管自己处境多么落魄,她都绝不会放弃这个想法"。多年来,辛塞罗一直在从事一些收入微薄的辛苦工作(早年想要努力做一个摇滚明星、自由职业者、保姆,以及从事餐饮服务),开着一辆破旧失修的小汽车,生活在车库里。但后来,她在 10 年内让自己变成了一个大富豪。如今她会说:"如果我能变富有,你也能。"

是什么让她发生了改变呢?简单地说,就是她的心态。她从原来的防御型心态,只追求不损失,转变成进取型心态,真正想要获得成就。现在她也在授人以渔。

她的这个转变是怎样发生的呢?尽管这不是一蹴而就的,但是必须要让自己的心态先变得更积极。只有这样,她的思考力、学习力和行动力才会相继改变。最终,她取得了成功。

> 这是一个循序渐进的过程。我想起独自去印度的经历。我很害怕独自旅行,但是直觉告诉我,我必须这么做。那是一个正在经历变革的美丽国度,但是我也看到了印度人民所面临的极度贫困和悲惨的生活。我认为我应该感激自己能够回到自己那间改装的陋室(她住的车库)。但是回到家,我马上意识到,我比想象中的自己更有力量,我可以做得好。那就是我开始请教练并且发挥自己更大潜力的时刻。

甚至在她还没有能力支付教练费用时,新的心态让她开始贷款请教练(她必须一次借 6 万美元)。她现在相信:

- 因为获奖者和顶级运动员需要教练来帮助他们取得成功,所以她也需要。
- 这样做可以逼迫自己拼命工作来支付教练费。
- 要想取得成就和财富,她必须冒险。

现在她告诉每一个人:"你的内心蕴藏着巨大的能量,能帮你创造出任何你所渴望的现实,这一切都取决于你是否愿意为创造这样的现实而去承受不适。"

这难道不就是从我女儿滑冰的经历中得出的重要教训吗?

我们都有取得成功的能量。我们的成功与否,往往取决于我们是更关注赢得还是更关注不要失败。

生活中的成功

辛塞罗开始为了取得成功让自己的心态从防御型转向进取型。当她意识到,虽然有很多值得感恩的事,但是她对自己停滞不前的状态麻木不觉:

> 我感觉自己之前过着不温不火的生活,只是偶尔看到一些精彩的火花。最让我感到痛苦的是,我深信自己绝对是一个摇滚明星。我有能量给予和接受粉丝的爱,我可以纵身一跃跳过高楼,也可以创造出任何我想要的东西……最后却只是发现自

己几周都不知道干了什么,我仍然困在自己破旧的公寓里,每晚独自吃着廉价的墨西哥卷饼。

那些有防御型心态的人,都是人生的过客,总是会将自己描述成任凭生命风浪摆布的受害者。他们认为,自己没能成功,不是自身的原因,而是因为他们的外在处境。他们只是对出现的情境做着条件反射的事,而不是主动采取行动。他们被恐惧驱使,追求安全感,把自己困在了稳定和平庸之中。也正是因为他们不愿意冒险,也就不会愿意去获取什么。

从另一个方面看,那些有进取型心态的人,主动积极,志向高远,致力于让自己获得成长和取得成功。他们都是自己人生的船长,自己掌控着航行路线。尽管他们所处的环境和境况可能不够理想,但是他们能意识到,生活的风浪本来就是人生的一部分。他们如何驾驭人生,以及如何回应所面临的境况,都是决定成功的因素。他们不会安于稳定,甘愿平庸,享受安逸,他们愿意出去闯荡,鞭策自己,接受艰难的任务以达到自己的目的。

在我拜访企业、研究心态期间,我认识了一些拥有各种心态的人。令人震惊的是,他们的生活和人生轨道截然不同,例如员工黛布拉和戴维。

黛布拉在同一家会计部门工作超过20年。她对工作的热爱出自两个方面:稳定,以及不太忙。尽管如此,但她并不是真正的热爱她的工作。她会按时打卡,用时间换金钱。在她任职期间,她主要注重确保工作不要出错，否则这样会破坏她的安全感。尽管她是一个可信赖的人，但没有同事认为她优秀。此外，由于她十分注重安全感，她坚决反对做出改变。不出我所料，我发现她和她的部门还在使用老旧的工具、软件和会计方法。由于上述原因，她在 19 年中都没有得到过一次晋升的机会，直到最近才得到第一次晋升，做了经理。但是她还是继续关注工作不能出错，而不是如何让她的部门提高工作效率。

她的家庭生活也如出一辙。作为一个热衷安稳的人，她每天的生活几乎都是在例行公事，因为她不愿做出改变。早上，她总是要吃她最爱的蜂蜜燕麦片，然后去上班，期盼着下班的时间，这样她就能回家、吃晚饭，以及边看电视边做填字游戏。在工作之余，她通常会在周五晚上出去吃饭（通常到同一家餐馆），周六出去办点儿事，周日去教堂礼拜。所有的一切皆可预见。

简而言之，总体上，黛布拉对自己无忧无虑的生活感到满意，她只是在随波逐流。由于她并没有自己明确的目标，只是注重生活能够安然无恙。她陷入了惯性的生活，几乎不会为改善或提升生活质量而有任何作为。尽管她没有意识到这一点，但她最终还是人生的过客，任由外部环境的摆布。

再看戴维，他在一家不同但类似的机构工作。他刚进公司时做业务部主任，负责客户工作。因为他的坚韧不拔、团结协作和忠于职守，不久就被提拔为人力资源副总裁，尽管他其实没有任何人力资源方面的工作经验。那些有防御型心态的人会立刻拒绝这样的机会，因为这个职务意味着，要关注随时出现的问题。然而，戴维很关注这个职位带给他的机会,因为这让他可以实现自己的目标,鼓舞和提升他的个人生活,于是他接受了这份工作。他的明确目标决定着他行使权力的方式,其中包括他在任期第一年设定和实现一个目标——会见所有正式员工(共2500名)。

戴维不认为这个工作是在用时间交换金钱,工作之外的时间也没有寻求闲适的生活。戴维将他的目标融入了家庭生活。戴维有意识地与妻子和孩子保持着紧密的联结。他寻找和创造机会帮助孩子学习、培养新技能和体验新事物。在进取型心态的推动下,戴维将生活看成是一次学习和成长的体验,而不只是为了安逸和舒适。戴维让自己成了生活的驾驭者,愿意勇敢地面对波涛汹涌的大海,成为他想成为的人,以及给其他人带来积极的影响力。

由这些案例想到每个人的人生轨道,不禁让人唏嘘。对于大多数人来说,黛布拉的人生一帆风顺。20多年来的职业和个人生活几乎一成不变。如果被问及,黛布拉会认为这就是一种成功。她会说:"我已经拥有了一个幸运且成功的生活,无比的安逸,毫无压力,无忧无虑。"戴维则享受着不断向上攀升的人生,尤其是每天都会到达一个新的高度。他的进取型心态从来不会让他将一条平坦的人生道路视为一个"幸运和成功的人生"。

从上面的案例中,我们很清楚地看到,黛布拉和戴维这两类人,分别代表着随遇而安的人和积极进取的人,人生的过客和人生的驾驭者,他们之间的区别就在于一个拥有防御型心态,而另一个拥有进取型心态。

工作中的成功

在过去的两三年里，大量关于进取型心态和防御型心态的研究已经取得了巨大的成果，于是专家们开始展开统合分析。所谓统和分析就是，将关于某个主题的各个独立研究项目的数据集中在一起，进行统合分析，最后形成一个综合的数据结论。由于该方法统合了迄今为止所有有关某个主题的研究，所以其结果通常被公认为具有总结性。

对于防御型心态和进取型心态的统合分析充分显示出，如果员工拥有进取型心态，那么他们自己和企业都会受益匪浅。分析结果还特别显示出，与有防御型心态的员工相比，那些有进取型心态的员工还有着相当高的：

- 工作投入度
- 工作满意度
- 工作表现
- 创新行为
- 组织公民行为（不是对员工的行为要求，而是从总体上帮助工作和团队运作，比如帮助一个同事完成任务）

这些结果不仅说明，有进取型心态的员工会比有防御型心态的员工表现得更为出众，而且也显示了防御型心态越强烈的人工作表现就越差，组织公民行为就越弱，对工作的满意度就会越低，他们也更可能在工作中做一些适得其反的事，比如聊八卦、偷窃、职场霸凌等。

尽管与防御型心态相关的结论大都倾向于负面，但是统合分析也显示出，防御型心态有一个好处：可降低企业安全事故发生的概率。

总而言之，研究结果确定无疑，有进取型心态的员工或团队每一次都会比有防御型心态的员工或团队表现出色。

领导力上的成功

企业战略专家会研究为什么有些公司成功而有些公司失败。他们运用一个理论来解释这种差异，那就是高层梯队理论。这一理论的基本前提是，当一个企业的高层领导，即高层梯队成员，设计了公司战略和发展方向，他们就会从个人经验、价值观和目标出发实施战略。结果，这个理论说明了领导的心态会操控员工的关注领域，也就相应地影响了企业的发展方向，最终决定了企业能取得成功的大小。

为了理解这个理论以及有进取型心态的人如何注重取得成功、有防御型心态的人会如何注重不要失败，研究者调查了有进取型心态的CEO是否比有防御型心态的CEO表现更好。

在一项研究中，一群来自圣加伦大学的瑞士小企业和创业研究所的研究者确信，CEO的心态会主导企业的发展战略和方向。他们的研究结论还显示，CEO的进取型心态越强大，企业在捕获现存机遇（开发市场）和寻找新商机（开拓市场）上也会越出色，而且兼具目标性又不失灵活性。相比之下，CEO的防御型心态越强大，企业在开发旧市场、开拓新市场和灵活性上则越逊色。

在另一项研究中，来自俄克拉何马州立大学和佐治亚大学的学者发现，CEO 的心态最终会主导他们企业的表现。他们的研究得出了 3 个结论：

- 有进取型心态的企业，会比有防御型心态的企业有更好的表现。
- CEO 的进取型心态越强大，企业的表现就越出色，而 CEO 的防御型心态水平的高低和企业的表现好坏没有关系。
- 组织在动态环境中运作时，进取型心态的 CEO 领导下的企业与防御型心态 CEO 领导下的企业相比，绩效差距加大。

这些研究结果不只适用于 CEO。无论一个领导处在企业的什么层级，有进取型心态的领导就会比有防御型心态的领导表现出色。他们的员工会更加积极地投入工作，灵活机智、高效率和有创造力。

对领导力的定义，告诉了我们其中的原因：运用权力和影响力来引导他人取得目标成就。这个定义说明，有工作效率的一个必备条件就是，按照领导指示的核心目标行事。谁将会拥有一个更有激励性的目标，是有防御型心态的人还是有进取型心态的人呢？跟着一个以不失败、求安稳、回避问题为目标的领导工作，着实令人索然无味。而跟着一个寻求胜利和步步进取的领导工作，则让人备感精神振奋。

然而人们并不总是这么认为。最初进行关于防御型心态和进取型心态的研究时，研究者认为两者都有各自的价值，取决于他们具体的工作内容。比如，曾有理论认为，防御型心态对需要避免错误的工作更有益，而进取型心态对需要创新和发展的工作更有帮助。

当我第一次在企业开始展开对防御型心态和进取型心态的研究时，我采纳了这个观点。事实上，我做了一些采访，有些部门若是出现错误会带来严重损失（比如会计和薪酬管理），而有些部门则需要员工有所发展（比如销售和招聘）。通过这个研究，我得出了3个与防御型心态/进取型心态在领导力有效性方面的观察结果。

第一，人们会采用两种心态中的一种进行工作。如果一项工作从本质上讲，需要关注如何预防错误，员工可以在工作中采用防御型心态或进取型心态中的一种进行工作。如果一项工作从本质上讲，要求员工有所提升和进步，员工同样可以在工作中运用其中一种心态。但是在运用心态的方式上有所不同。那些有进取型心态的人，会对如何能够在他们的职责范围内推动组织进步有清晰的目标。他们会在工作中采取积极主动的态度。在我访问那些从事会计和薪酬管理工作（工作重点是在预防和消除问题）的员工期间，有些员工会主动寻找降低失误率的方法（进取型心态），其他人却只是按兵不动，希望不要有错误出现（防御型心态）。他们只是在有问题突然出现时，才会绷紧自己的神经。因此，不论工作的主要任务是什么，领导都能够也应该鼓励员工拥有进取型心态。

第二，在大多数企业，拥有防御型心态是一个常态。我们知道，进取型心态的一个关键就是，行事要有明确的目标。当我采访一些管理者时，我问的第一个问题是"作为一个领导和管理者，你的目标是什么"。我问了管理者的下属一个类似的开放型问题："你们领导的目标是什么？"我收到了来自两方同样的笼统答案。回答者先是停顿了下说："嗯，这问题问得好。"然后绞尽脑汁地努力想出一个答案，显然是想让人感觉，他们的回答是经过深思熟虑的。然而，他们的回答必然是一种死记硬背的句子，肯定是领导工作报告里的内容。这让我看到，只有很少的管理者会真的有一个明确目标，这就是在默认他们都有防御型心态。

第三，想要证明防御型心态的确很简单。就本质而言，与好的经历相比，人们在心理上会对糟糕的经历有更多的关注。这就是消极偏见。这种偏见通常会在企业和员工对待客户时再度显现。在这种强烈的渴望逃避坏事而非创造好事的推动下，企业和领导以及员工为了留住他们的客户，往往会倾向于预防问题的出现。在我给企业提供咨询服务时，我已经观察到，他们的领导会强调这种工作方式，并且给予物质奖励。领导对这个方式所做的解释是，因为他们所犯的错误会导致很多客户的流失。但是他们没能意识到，尽管预防问题或许可以阻止客户离开，但是这样的方式也可能不会让客户感到满意，或者没法在企业和客户之间建立起积极的关系，使得他们不愿长期留下来。相较之下，为了满足并留下客户，以进取型心态面对客户更为可取，它更关注如何给客户创造服务价值。积极心理学家肖恩·埃科尔（Shawn Achor）的一句名言"没有疾病并不意味着健康"也说明了这一点。领导需要扪心自问，什么样的关注点才能让企业更加鼓舞人心和吸引人：是将客户的问题降到最低，还是给客户创造服务价值呢？

我从前面案例中的艾伦身上看到了这一点。他没有一个明确的目标，因此他默认了防御型心态所具有的目标：做令人感到舒服的事，尽量避免问题。尽管这对于艾伦来说是完全合情合理的，但是这个方式带来了一些严重的消极影响。它并不能对艾伦的全体员工起到鼓舞的作用，反而因为艾伦对避免问题这样的细节关注，使员工的反应更加糟糕。例如，他要求员工把每一份和客户的电邮都留个副本给他，这使得公司里的员工对增添服务价值和做些改变等诸如此类的进取型心态的正面特质，不予关注。当机构得到客户和培训者对员工的服务评价时，艾伦和他的团队会更多地关注评价分数不要出现1分或2分（差评），而不是关注有多少人对课程的评价是5分（好评）。结果，尽管客户没有对所提供的服务表示不满意，但是他们也没有对服务表示满意，这就让留下的客户变得越来越少。

艾伦和戴维两个人简直是天壤之别。戴维是具有进取型心态的人力资源领导，他有着明确的目标：为企业员工服务，改善他们工作的环境，消除他们的工作障碍。这个目标给团队带来了意义和能量，

因为他们感到自己是在和领导一起，共同努力为企业带来改变。由于自主型的员工会比关注微观管理的员工更有工作效率，戴维就赋予他们自由和自主权。无论哪里有机会，他们都可以给公司带来积极的影响。戴维也不是特别在意失败。事实上，他还期待失败。他知道，为了让他的团队能够实现远大目标，他们需要冒险和有创新力。他也

很清楚地意识到，在冒险和创新中，遭遇错误和失败是一件很平常的事情。因此，他会选择庆贺所有的失利，因为他认为，这些是在暗示他的团队尽力了。当然，他也会庆祝胜利。由于戴维的进取型心态，他能够在企业里营造出一个文化氛围，让他的员工变得热爱上班。

总结

这一章的主旨是，如果你想要在生活、工作和领导力方面获得成功，就需要成为生活的驾驭者，而不是过客。当你是生活的过客时，你的心里没有目标，而是让自己周围的外部世界来决定你的目标。当你是生活的驾驭者时，你就在掌控自己的命运。你心中有目标，并且正在采取行动，朝着自己的目标努力前进。

第 16 章

如何培养进取型心态?

> 当你被一些伟大的目标和非凡的计划激励时,你的思想可以自由驰骋:你的大脑会穿越所有的疆界,你的意识将向四处延伸,你会发现自己来到了一个崭新、壮观和精彩的世界。蛰伏已久的能量、能力和才干变得蠢蠢欲动。你发现,自己成了一个比你自己曾经梦想的你更优秀的人。
>
> ——帕坦伽利

发展进取型心态和成为自己人生驾驭者的一个关键和必要条件是,拥有一个明确的目标。

正如我之前所提及的,我在高中的时候一度是有着进取型心态的。我的"目标"就是参加大学的篮球队。在这个目标的驱使下,我制定了一系列的阶梯性目标给自己提供努力的方向,这是我进步的基石。一个较高的目标是,带领我的篮球队打入决赛。为了达到这个目的，我也制定了一些较低层次的目标，其中包括阅读有关领导力的图书，以及在每天训练中和每个队员研究如何提升具体的技能。我认为自己创造了一个大学篮球运动员的光明未来。

高中最后一年，我们的球队开始比赛，而且表现很突出，成为季前赛结束时最优秀的球队。进入正式赛季后，我们为了胜利要进行更加艰难的拼搏。回顾那段时间，有两个因素导致了这样的结果。其一，我们的主教练由于家中有急事不得不告假回家，而我们的助理教练并没有像主教练那样丰富的篮球知识、技能和经验。其二，在夏季班前，我的高中学校在州里升了级，从4A学校变成了5A学校，也就是被归进了本州的大型高中行列。我们是那一年州里最小的5A学校。我们要和那些学生人数更多的5A学校竞争。

最终，我们球队的表现没能让我实现愿望和目标，没能被大学篮球队选中。

第二年夏季，我继续追求我的目标。我到大专院校游学，和不同的篮球队合作。我拿到了一个非州立大学的部分奖学金，但我还是决定选择一个州立专科学校的篮球队，因为这里有美国最好的运动课程。

选拔赛在秋季学期初就开始了。有60多个运动员争夺5个队员席位。我成了最后7个人选中的一个，但当入选的5个球员的名单公布时，我的名字竟然不在上面。我震惊了！回想一下，我之所以感到震惊，不是因为我没有入选球队，而是因为我的目标就这么被我弄丢了。我感到自己失去了人生方向和意义。

在失去目标之后到明白依靠自己生活不是如我所想的那么容易之前,我接受了防御型心态。我认为:"如果我能一帆风顺地上完大学、度过人生,我就已经比大多数人做得更好了。"这是我后面15年人生的主要目标,追求防御型心态,直到我在盖洛普公司碰了壁回到了我的学术行业后,我才开始发展出进取型心态。

我在前面说过,我从防御型心态转变为进取型心态,是因为我的生活发生了3个变化:我经历了工作的变更;有时间反思我的生活、目标和习惯;因为时间宽裕,我能够深入地学习心态理论。这让我度过了积极发展的半年:有了自我觉悟,并且接受了对自己的新的认识,了解了自己并不具备最佳心态,而且发现了一个更好的心态选择。

然而,我还需要在心态的改变方面继续努力,完善我看待世界的方法和观点。我需要重新连接我的大脑神经。

认知心理学家已经发现,长期的防御型心态和进取型心态都与我们的大脑前额叶皮质的不对称活动有关。尤其当人们使用右边的前额叶皮质多于左边时,他们会更多地关注事物的消极方面,努力避免问题,显然这就是防御型心态。与之相反,如果人们更多地使用左边的前额叶皮质,就会更多地关注事物的积极方面,寻求有所收获,显然这就是进取型心态。(这和左右脑决定的左右利手的概念是不同的。)

这说明,如果我们想要从防御型心态变成进取型心态,我们需要让我们的大脑进行新的神经连接,让其更多地依赖左前额叶皮质。一个有利的事实就是,我们的大脑有超乎想象的可塑性,因而重新建立连接是可行的。

让我带着你按照我做过的 3 件事，使用我用过的训练方法，帮助你们迅速地从防御型心态转变成进取型心态。

就在我离开盖洛普公司回归加州州立大学富尔顿分校之后，我做了大学领导力中心的主任助理。在这个职位上，我要和中心的主任进行巡回拜访，会见中心的董事会成员。在一次会面中，我遇到了查尔斯·安第斯（Charles Antis），他是安第斯屋顶和防水建筑公司极富有魅力和拥有晋升心态的 CEO。刚见面不久，查尔斯就给了我一本《5 分钟日记》，他称之为自己的"成功秘诀"之一。

尽管我在他开始递给我这本书时，表现出饶有兴趣的样子，但是我在心里想："我绝不会写日记的！"他继续说，这本书是一个工具，让人可以在正确的思维框架里把每一天都过得井然有序，而且只需要 5 分钟。尤其是，这本日记里有一个晨练项目，写下 3 件让你心存感激的事情，这会让你的一天都很棒，还有一个就是每日声明。在晚间，你要写下那一天里发生的 3 件令人惊喜的事情，以及你可以让那天变得更好的方式。

我告诉自己，就给自己两周。如果有用，那很好！如果没用，也无妨！

于是我开始每日训练。我立刻意识到，为了写下 3 件让一天很棒的事情，我做事的目的性变得特别强。然后，当我回顾每一天所发生的令人惊喜的事情时，我开始和自己较劲，想要日复一日地创造出让我惊喜的事情，由此让我变得更有目的性。通过这个训练，我开始了解了进取型心态的各种表现和特征。

如今，我相信这本日记给了我决心要写此书和创业的动力。

当我受到鼓舞，继续做出更多令人惊喜的事时，我很快发现，我难以平衡自己作为教师、研究者、企业家、作者、丈夫、父亲和志愿者之间的责任。于是，我需要一些帮助，让我能够明确目的，得到指引。

于是我发现了迈克尔·海亚特（Michael Hyatt）的"全焦点计划器"（Full Focus Planner）。这个计划器的好处是，它迫使我要将自己的长期目标和日常计划联系在一起。尤其在按季度实施计划时，它让我设定、评估和再评估我的长期和年度目标。每一周，我要评估我在前一周的进步，确认所取得的重大收获，然后为即将到来的一周设立目标，以此更加接近我的季度目标，然后确定为实现每周目标所要做的每日"三大惊喜事"。这个计划器迫使我写下日程安排，列出完成目标的首要任务，然后填上在那一周里需要完成的次要却紧迫的任务。

这个计划器让我更加注重创造令人惊喜的日子，激励我继续努力，让我更清楚自己的目的和长远目标，让我有了为拥有进取型心态而所需的目标。

最终，我决定尝试一下冥想。我下载了小程序，体验了初学者的免费课程。从此，我运用冥想计时器（Insight Timer）和免费冥想栏目，非常有规律地定期接受冥想训练。

冥想并没有让我像有《5分钟日记》和"全焦点计划器"时那样立刻体会到它的好处，但是经过一段时间，我就意识到，相当规律的冥想训练给我带来的效果，和认知心理学的研究结果一样，让人受益匪浅。

　　一个由 10 个学者组成的团队,在理查德·戴维森(Richard Davidson,来自威斯康星大学情感神经科学实验室,现称为"心理健康中心")的领导下,着手开始研究冥想是否能够帮助人们重置大脑神经,以及让他们更多地依靠其左前额叶皮质(增进我们的积极思维和观念)进行思考。他们找来了一群参与者,对他们的前额叶测试过程进行评估。有一半的参与者接受了为期 8 周的冥想训练,另一半人则没有在这 8 周里进行任何冥想训练。8 周之后,研究者重新评估了所有参与者的前额叶皮质处理系统,结果发现,那些接受冥想训练的人与先前的评估相比,都更多地依靠左边前额叶皮质进行思考,因此他们得到了更多积极的心理暗示。那些没有参与冥想训练的人则更多地依靠右边的前额叶皮质进行思考,而右边是进行消极思维的一侧。这些研究者发现,冥想确实重新连接了大脑的神经,让其呈现更多的进取型心态的思维方式。

　　我觉得,这就是冥想对我产生的作用。我在一段时间里几乎每日都进行冥想训练,这帮助我的大脑神经重新进行了连接,让我的进取型心态更加强大。

找到你的目标

　　尽管每日的冥想训练在你从防御型心态转变成进取型心态的过程中起着关键作用,但是我们可能不会考虑接受这些训练,除非我们先为进取型心态的发展铺垫好必要的条件：一个最终的目标，实现最终目标的步骤，以及目的或原因，这些都给了我们勇敢面对可能到来的风暴的动力。确定我们的最终目标、设定小目标、形成一个明确的目的，都是说易行难。如果我们有根深蒂固的防御型心态，那么采取这些行动的时候或许会让你感觉非常的陌生和不适。接下来，我给你们提供一些指导、方向和灵感。

确定我们的最终目标

真正的成功很少会偶然发生。我们首先在自己的心里创造它，然后有意地采取行动将其变成现实。这就需要清楚的确定，成功对你来说意味着什么，这就成为我们的最终目标。

当人们（尤其那些有着防御型心态的人）还没有明确一个有意义的人生目标时，他们会基于同龄人的价值观而接受默认的人生目标。例如，如果一个人没有主动设定自己的目标，而且他的朋友都看重靓车、名牌服装或大房子，那么这个人就可能会默认接受同样的目标。

问题的关键是，我们要基于自己的价值观和兴趣主动确定个人的人生目标。我们选择一个目标，并不意味着我们的余生都只是为了实现它。最重要的是，我们要有一个目标。当我们日渐成熟时，我们的目标也会随之不断地得到完善。

为了开始思考你的最终目标，这里有一些问题需要你认真考虑：

- 如果你能在未来 5 ~ 10 年里有所成，你要成为怎样的人？

- 你理想的未来是什么样子？
- 你想用哪 10 个词语来描述未来的自己？

另一个问题来自艾米·珀迪（Amy Purdy），她是一个杰出的女子，一个演员、模特、励志演说家、服装设计师、作者和残奥会滑板项目多个奖牌得主。她曾经是一个超级女滑板运动员，以及"与星共舞"比赛（第 18 季）的亚军。她现在功成名就，以前却并非如此。在她著名的 TED 演讲中，她分享了自己 19 岁感染细菌性脑膜炎的经历。医生认为她只有 2% 的生存概率，但是在失去了一双小腿、脾脏、两个肾脏、左耳的听力以及接受了来自父亲的肾脏移植手术后，她竟然活了下来。不管怎样，她从逆境中走出来了。

出院后，她的人生和现在截然不同。她陷入抑郁，让她困惑的是"我要怎样用我一直期待的方式度过如此艰难的一生"。回到家，她蜷缩在床上，就想那样一动不动，以此逃离现实。用她的话说："我的身体和心理彻底崩溃了。"

然而，一个问题激发了珀迪，让她不再抑郁，而且取得了现在的成就，拥有了进取型心态，这个问题就是"如果你的人生是一本书，你是书的作者，你要如何写出你的故事？"她不再关注她无法拥有的生活（没有了小腿）以及开始看到新的机会，比如她可以如她所愿的想变高就变高，想变矮就变矮；当她滑雪的时候，她的膝盖不会觉得冷；她可以变换她双脚的大小，以适应货架上所有鞋子的尺码。

当你得出上述问题的清晰答案时，运用传感器的原理将这个想法嵌入你的心态。对于每一个答案，你要允许自己不只是对其进行思考，而是要真正地试着感知它。你的理想未来会是什么样子？那会给你怎样的感觉？它闻起来是怎样的？有怎样的味道？怎样的声音？这会帮助你投入实现目标的过程中，提升你的进取型心态，以及最终让你达成目标。

设定小目标

当人们想要评估他们是否有防御型心态或进取型心态时，我的第一个问题总是"你的小目标是什么"。他们的小目标越清晰，我相信他们的进取型心态就会越强大。

我是一个非常有良知、有责任感和条理清晰的人。有相当长的一段时间，由于我具备这些品质，我感觉自己不需要设立什么小的目标。我认为自己已经对一切了如指掌。既然现在我要设定自己的小目标，我要感谢《5分钟日记》和"全焦点计划器"。显而易见，当我没有小目标时，我只是一个有防御型心态的过客，在航行时被海上的风浪肆意吹打。当我有了清晰的小目标时，我就是自己人生中一个相当不错的驾驭者，不管遭遇什么令我变得懈怠的阻碍，我都愿意勇往直前。尽管此事不易，但我知道，这是通往成功的唯一路径。

若想成为自己生命的驾驭者，就有必要为自己设立小目标。它们赋予我们力量，指引我们专注于与实现目标相关的行为，远离无谓的行动，让我们充满活力，提高毅力，以及提供给我们一个标准，让我们可以不断地据此对比自己的表现，提升自己对实现目标的渴望。

写下你的小目标。加州多米尼加大学心理学教授盖尔·马修斯（Gail Matthews）从事的一项研究发现，那些写下自己目标的人，目标实现率会有 42% 的增长。为何会这样呢？写下来的目标会迫使你能清楚地知道你的需求、你的想法和你的计划，以及分析需要实现目标的步骤和所使用的时间。通过书写和定期回顾你的小目标，你将在下一个最重要的行动上获得洞见。写下你的目标将提升你做事的目的性。

制定一个清晰的目的

让我再把这个话题深入讲一下，除了设定小目标，你还要为自己的最终目标制定一个清晰的目的。这是你在给出"理由"，促使你能够在人生旅途中坚持到底，经历无法躲避的大风大浪和艰难险阻。

在前面章节里，我在自己的非正式研究中注意到，11% 的回答者能够清楚的说出自己的目的，这说明他们对这个问题有过审慎的思考。只有不到 20% 的领导者没有强烈的个人目的感。

为了表明确定一个强大目的的重要性，哈佛大学商学院教授、《创新者的窘境》的作者克莱顿·克里斯坦森（Clayton Christensen）分享了下面这段话：

> 对我而言，人生中拥有一个明确的目的已成必须。但在我理解它之前，我要为此用力思考良久。在我做罗德学者时，我参与了一个要求颇高的学术项目，恨不得将一年里能够花在工

作上的时间都放在哈佛大学。但是,我决定每天晚上花一个小时阅读、思考和祷告,询问上帝为何让我置身于地球。坚持这样做,对我而言是一件很具挑战的事,因为我花在上面的每一个小时,都不是在研究应用经济学。我纠结于自己是否真的可以抽出时间,但是我坚持住了——而且最终明白了自己人生的目的。

如果我没有每天花上一小时做这些事,却为了掌握在回归分析里的自相关性问题而学习最新的技术,那么我可能就会枉过此生。我一年中能用到经济学的理论就那么几次,但是我每天都要在人生目的的指引下生活。这是唯一我学过的最有用的东西。我发誓,如果我的学生能花一些时间去搞清自己的人生目的,那么他们在回顾人生时,会认为这是他们在哈佛商学院学到的最重要的事。如果他们没有弄清人生目的,他们就会在生命的海洋里失去航行的方向,饱受汹涌海水的侵袭。清楚地知道自己的人生目的,胜于我们只懂得了作业成本法、平衡计分法、核心竞争力、颠覆性创新、4P营销理论以及五力模型。

引用大屠杀幸存者和精神病专家维克多·弗兰克尔(Victor Frankl)的话:"那些知道自己生命'来由'的人,能够承受生命的任何'动荡'。"

在我形成自己的人生目的的过程中,我已经发现了几个有益的作品。有几个已经在前面给了我们很多有意义的启发:

- 《你骨子里是个牛人》，珍·辛塞罗著
- "从目的到影响力"，摘自《哈佛商业评论》，作者：尼克·克雷格和斯科特·斯努克
- 《你要如何度量你的人生》，克莱顿·克里斯坦森、詹姆斯·奥沃斯和凯伦·迪伦著
- 《规划最好的一年》，迈克尔·海亚特著
- 《我，刀枪不入》，戴维·戈金斯著
- 《可能性的艺术：从专业生活转变到个人生活》，罗莎蒙德·斯通·赞德和本杰明·赞德著
- 《给予的力量：一个有关强大商业理念的小故事》，鲍勃·伯格和约翰·戴维·曼恩著
- 《玩转矩阵：一个让你可以精致生活和主动创造的程序》，迈克·杜利著

想想一些你所认识的人，或者在新闻里或历史上给世界带来巨大的积极影响力的人。他们肯定包括人类的巨人，像亚伯拉罕·林肯、马丁·路德·金和纳尔逊·曼德拉这类人。他们的人生目的是什么呢？他们的人生目的肯定不是基于安全、安稳或者他们同辈所看重的东西。他们个人的目的似乎是为了给他人的生命带来积极的影响。他们的人生目的都是以他人为中心，而不是以自我为中心。

从我与领导者合作的经历可以看出，领导者越是更多地以他人为中心，他们的工作就越有动力，也就越能制造更大的影响力。能够真

正鼓舞人心的领导者,也就是他人都想追随的人,行事的目的也都是以他人为中心。有着防御型心态的领导者往往很难鼓舞人心,其默认的人生目的就是躲避问题和损失,寻求安逸。

驾驭者人生

现实是,你带着你的优势心态走到今天。如果你对当下的处境不够满意,那么是时候做出一些改变了。

在《你骨子里是个牛人》这本书里,辛塞罗这样写道:

> 你可能不得不去做一些你从未想象到你会做的事。如果你的朋友见到你做这些事,或为此事搭上了金钱,你会很没面子。或者,他们会担心你,或者他们会和你绝交,因为你做这些事显得十分古怪和不正常。你将不得不相信一些你看不到或者你以为完全不可能的事情。你不得不去克服恐惧,一次又一次的失败,以及培养一个新的习惯,虽然它会让你感到不舒服。你将不得不放下所有老旧且有局限性的理念,坚决创造一个你所渴望的人生。一切都有赖于此。

辛塞罗是在描述一个人的进取型心态的特质,愿意为了获得梦想中的成功,在人生中敢于乘风破浪。关键显而易见,那就是要确定你的最终目标、设立小目标以及形成一个明确的人生目的。

总结一下。罗伯特·奎恩（Robert Quinn）是密歇根大学个人和组织变革专家以及领导学教授，他这样写道：

> 当我们真正有了想要为之付出努力的人生目的时，当我们想象并投身于一个渴望的未来时，我们在当下的行为就此开始被定义。当我们与未来携手，我们就打破了传统。当我们开始做一些破旧立新的事情时，一个新的未来就此展现。当我们为了自己的人生目标而行动时，我们仍然会被过去影响，但我们已挣脱了旧时的牢笼。我们将知识和渴望融为一体，由此踏上一条充满荆棘的道路。我们不再总是关注扫清道路上的一切障碍，而是要去找到自己的人生目的。这就让我们走上了一条学习和创新之路。

不要做一个被动地等待成功来临的人，我们需要创造更大的成功，让我们的生命向前迈进。确定一个明确的目标，每天都致力于训练并发展自己的进取型心态，由此开始朝着自己独一无二且富有意义的目标不断进步。

第五部分

外向型心态

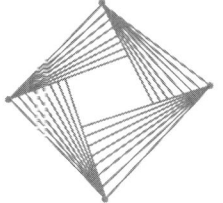

第 17 章

内向型心态 / 外向型心态

> 人类具有一种能力，可以感知和尊重他人的人性，并做出回应。
>
> —— C. 泰瑞·华纳

你是否对下面的这些情况很熟悉？

- 开车时，如果有人想要并入你所在的车道，你会选择挡住他，即使他们闪灯提醒你。
- 你会忽略一封寻求帮助或咨询的邮件。
- 你会拒绝向某个帮助过你的人表达感激。
- 你没有对一位家庭成员施以援手，即使那对你来说是易如反掌的事。
- 你为了保持自己在他人面前的脸面而背叛某人。

如果这些听起来耳熟能详,欢迎加入我们!任何人都经历过这些情况,我也是。然而,我认为,我们都是当局者。

当我说"当局者"时,是什么意思呢?这是一个关注点的问题:你在遇到这些情景时最关注的是什么?

我们在遇到这些情境时所关注的焦点就是我们自己。我们戴着有色眼镜,也就是一种心态,让自己相信,我们自身的需求和兴趣要比我们身边人的需求和兴趣更重要。说得再直截了当些,我们认为自己是有价值的人,而其他人都没有价值,没有我们那么重要。

在这些情况下,我们拥有的就是内向型心态。这种心态是在图示模型里的消极心态那一端。

这与积极心态,即外向型心态,大相径庭。当我们有外向型心态时,我们会认为,其他人和我们一样都是有价值的。我们会平等地对待他们,甚至相比之下,他们比我们更为重要。只有拥有这样的心态,我们才能够敏锐地理解他人的情感、需求和渴望,愿意好好对待他们。

要了解这两种心态如何运作,以及如何拥有外向型心态,我们有必要知道两个原因。

其一,总体来说,人们会非常敏感于他人是否将自己看成有价值的人。从我们出生那一刻起,我们就已经开始在评估他人对我们的动机。我们可以训练有素地判断出他人是内向型心态还是外向型心态。例如，想想你最近和一个重要的人——经理、同事、销售员或杂货店收银员的互动和交流，你是否感觉他们在把你看成一个有价值的人？他们对你的看法给你造成了怎样的影响？这是否会影响你与其共事的兴致呢？

其二，我们的内向型心态/外向型心态加强和影响了我们与他人的每一次互动交流。我们如何看待他人、我们对他们的价值定位，也影响了我们如何思考，以及与他们相处时的行为举止。当我们向他人展示了自己的内向型心态时，我们与其之间的交流或关系就产生负面的影响。当我们向他人展示了外向型心态时，就会为双方的交流和关系带来积极的影响。这一点极易让人理解，却很难做到。

无意识的内向型心态

为了更加生动地介绍这些心态，以及解释这些心态在我们生活中起到的作用，让我先给你们介绍一下本杰明·赞德（Benjamin Zander），他是波士顿爱乐乐团的创始人和指挥。

在音乐的世界里，指挥在世人眼里是一位神秘、有点儿专制的领导，他凌驾于乐团之上，掌管着乐手演奏的乐曲以及方式。

回顾从业的50多年，赞德记得，在前半段职业生涯里，他就是一个循规蹈矩，有着内向型心态的专制领导。他认为自己是乐团里最重要的人物。在他眼里，他的乐手就如同他可以随心弹奏的乐器，而不是具有个人情感和欲望的人。赞德人生的主要目的就是为自己赢得声誉、观众的欣赏，以及评论界的赞誉，以此为自己获取更多的机会和更大的成功。但是这一切都是要付出代价的：他的心态让他总能找到理由训斥他的乐手，让他们的身体疲劳不堪，几近崩溃，不让他们自由地表达意见，也不能在乐队里有个人的表现和对音乐的个人展示。

结果呢？他的乐手感到自己只能像孩子一样地顺从他。赞德几乎从不给乐手与他交流的机会，更不要说让乐手参与决定乐曲演奏的方式。如果乐手犯了错，他就会下意识地严惩他们。他喜欢把他们搞得筋疲力尽，不是因为这样做是对他们好，而是满足他的私欲。赞德在这种心态下营造出的工作氛围，让乐队的乐手对工作的满意度非常低。

你认为什么样的人能够演奏更动听的音乐，是那些对工作不满意、身心俱疲、无心演奏的人，还是那些感觉受到重视、对工作满意和专心投入的人呢？答案很显然，那些有内向型心态的人很难付出实际行动。

在职业生涯中途，赞德经历了一次顿悟：尽管他是乐团的门面担当，但他连一个音符都没有演奏过。即使他拥有乐团的管理权，得到所有媒体的关注，但是他的真正能力应该是让他的乐手更加强大。意识到这一点后，他发展出了外向型心态。

这次内在的提升和随之带来的结果令人激动不已。赞德开始把自己的乐手都视为有价值的人，甚至是和自己一起创造伟大音乐的合作者。他曾经总是问自己"我有多么优秀",而现在他则会问"我如何才能让我的乐手充满活力和黏性,并尽心演奏呢"。他曾经只想对自己的乐手施加影响,告诉他们自己对音乐的诠释。而现在,他开始专注于帮助乐手尽其所能地将每一个乐句都表达得美轮美奂。他以前从不关心乐手的想法,而现在他会倾听他们的表达。他认为,他们是一些有自身需求、情感、兴趣、独特才能和神圣品质的人,他开始认为他的乐手至少是和自己一样重要的人。

这让赞德的领导力发生了翻天覆地的变化。在一次排练中,他错误地指出一个乐手没有在正确的时间开始演奏。就在几分钟之后,他意识到了自己的问题,并为此道歉。排练结束,至少有三个人走到他面前和他说,他们都不记得上一次听到一个指挥承认自己的错误并道歉是在什么时候了。此外,他开始在每个乐手的乐谱上放一些白纸,希望他们能写下一些可以让演奏的音乐更动听的建议和想法。这其实就是在给乐手发言权,这在竞争激烈的世界交响音乐界里难能可贵。

有内向型心态时,赞德聪明的大脑里一直萦绕着这个问题:"我能取得多大的成就呢?"现在,带着外向型心态,他心中关注的焦点就是"我愿意帮助他人得到多大的成就呢"。

你能否想象,如果你是乐团里的一名乐手,赞德的改变能给你带来怎样的影响呢?

花一些时间反思一下:你是如何看待你身边的人?他们是一些有价值的人还是没有价值的人呢?他们的需求、情感和兴趣是否和你的一样重要呢?

真实面对内向型心态 / 外向型心态

在 4 组心态里，内向型 / 外向型这组心态能让我们的内在发生最快速的改变。确实，在一天里，我们能够在两种心态之间多次转换。但是，正如我们所看到的赞德的例子，我们倾向于有一个主导心态。

回顾你的过往，看看你在何时有更多的内向型心态或外向型心态。我结合自己十几岁时的经历，以及我对大多数青少年的观察显示，我们在青少年时期，大多是以内向型心态为主导。我们倾向于认为，我们是世界运转的中心。如果有些事情不能给个人带来直接利益，我们就会避之不及。

有些人能超越自己十几岁的年纪，轻易地提升他们的心态。而对于有些人，这样的改变就无法水到渠成，比如我。无可否认，这一组心态的转变让我为之付出的努力是最多的。

我们所拥有的心态是被内在因素和外在环境塑造的。我一直深深地渴望着，想让他人视我为一个重要且有价值的人。这让我更加看重自己的需求、情感以及兴趣，而非他人的。此外，我在家里排行最小，因此这很容易让我以为，世界任我驱动。我也意识到，在充满竞争的环境里，我会认为其他人都没有价值，我要为了赢得成就、声誉和地位就得与他们明争暗斗。

你能认同这些观点吗？

我们需要意识到一个关键问题，无论我们的内在因素或环境怎样，我们都能够选择自己的心态。我们可以带着内向型心态或外向型心态做任何事。在一个竞争的环境里，我可以允许自己呈现出天生的内向型心态，或有意识地选择使用外向型心态。正像赟德的例子，我们有能力将心态从一种调整到另一种，让其对我们的生活、工作和领导力产生重大而积极的影响。

我们要记住的一个关键点是，尽管拥有一个内向型心态很容易，但是将他人视为有价值的人，是我们最基本的责任和义务。想一想历史上发生的重大的社会运动，无一不在倡导让我们重视他人的价值。如果我们不转换自己的内向型心态，我们或许就是在贬低他人，限制他人的自由、贡献和潜力。

你的心态在心态模型里的哪个位置？

你的心态在内向—外向心态模型里的哪个位置呢？更偏内向还是更偏外向？

尽管个人的心态评估是用来帮助你确定哪个心态是你的主导心态，但是我们可以问自己 3 个问题来评估当下的心态，并激励自己展现更积极的外向型心态。我经常试着问自己这些问题，以确保我表现出更多的外向型心态。

或许最简单也最容易的问题是"我是一个内向型的人还是一个外向型的人"，这就如同快速有力的试金石，能够快速测出我们当下的心态。有时候，我会换一个相关的问题："我把他人看成是有价值的人还是没有价值的人呢？"

接下来的两个问题略加深刻。布琳·布朗（Brené Brown）是来自于休斯敦大学的研究教授，她的著作曾5次登顶《纽约时报》畅销书排行榜，包括《脆弱的力量》《活出感性》《成长到死》《归属感》和《召唤勇气》。她的文字别具一格且铿锵有力，因为她在职业生涯中一直致力于研究一个主题——羞耻，每个人都在不同程度上受到其影响。

在《成长到死》一书中，布朗提出了一个问题让我比以往更加全面地看待他人，即"你是否认为，总体来说，人们都尽其所能了"。

你是怎么看这个问题呢？

这个问题来自一个充满正能量的故事，布朗在她的书里提到了这个故事。

在一次约定好的演讲前夜，布朗刚到达酒店时，知道自己要和另一个演讲者同居一室，她感到有些失望。当她进入无烟房时，看到了室友正双腿翘在沙发上，吃着掉渣的肉桂卷。在和布朗握手前，这个室友在沙发上擦了擦满是糖衣的手。之后，她很快走到阳台上抽烟。布朗很气愤，因为这是一间无烟房。

第二天，布朗和她的心理治疗师见了面，她依然对这个室友感到愤怒不已。在咨询中，布朗发泄了自己的愤怒情绪，认为她的室友就是一只"地沟鼠"。在她发泄到最高潮时，她的治疗师问了她这样一个关键的问题："你认为你的室友在那个周末可能已经尽其所能了吗？"

布朗斩钉截铁地说"不"，然后把问题又抛回给治疗师。

"我不是很确定,"治疗师说。"然而,我真的认为,总体来说,人们会尽他们所能做到最好。"

布朗不愿接受这样的说辞。

为了不让这个问题就此搁浅,她继续对这个问题进行研究。圆满完成了她的研究后,她和一位朋友出去就餐。在饭桌上,她问了朋友这个问题。朋友同意布朗的看法,并以自己为例怒斥那些不进行母乳喂养的母亲有多懒惰和失败。朋友说:"如果选择放弃是你能做的最好的事,那么或许你所谓的最好还不够好。"

这句话像一吨砖块砸中了布朗,让她如梦初醒。尽管她那么想要进行母乳喂养,但是她无法做到。在那一刻,她想让朋友相信,她爱孩子就像爱自己一样。她还想告诉朋友,她已经尽自己的最大努力做到最好了。

布朗由此意识到了自己在别人眼里没有做到最好时的感受。

于是她问了丈夫这个问题。在思索片刻后,他回答:"我不知道。我真的不知道。我所知道的是,当我善意地认为,人们都做到了尽其所能时,我的生活会变得更好。这种想法让我远离评判,我只会关注他们所做的事。"

就这一点,布朗写道:"他的回答点醒了我,虽然不易接受,但这是事实。"

这也点醒了我。

让我分享一个引以为傲的例子,再次说明这个问题("你是否认为,总体来说,人们都尽其所能了?")是如何改变了我的人生的。

在我的大部分人生中，当我遇到一个无家可归的人问我要钱时，我会通过我的内向型心态去看待他的请求，我会认为他们没有尽自己最大的努力去做事。这常常会导致我想要问他们："为何站在街角向人乞讨？你们本来可以有时间做一些更有价值的事情，比如切实去找份工作。"当我以这个方式对待那些无家可归的人时，我对他们是太苛刻了，而且不能给予他们任何支持和理解。此外，认为自己比他人更重要的话，我就能为自己对他人的困难袖手旁观辩护，例如"我比他们更需要我口袋里的钱"或更糟糕的"你不值得我的帮助"。

但是布朗的问题让我意识到，自己的主导心态是内向型心态。我能够第一次清晰地看到，我的心态带来的消极影响。这是提升我们心态不可或缺的一方面，虽然肯定会让人有些不适。

在读完和思考完这个问题后，我开始从另一个视角，也就是从一个外向型心态的角度看待无家可归的人。我开始试着理解他们都已经尽了最大努力。这让我会去问一个我之前没有思考过的问题："你生活中发生了什么样的事情会让你相信，这是你最好的生活方式呢？"通过这样的询问，我不再对他们吹毛求疵，而是对他们更有同理心。我现在的心态更加开放，并且变得乐于助人，因为我现在能够在一些小的层面上理解他们的情感、需求和渴望。

由于我以前一直有内向型心态，我已经倾向于认为，其他人做事通常都不能尽其所能。如你所想，这导致我对他人变得相当挑剔，看谁都不顺眼。不幸的是，我并不是唯一一个这样做的人。当我对很多团体问起这个问题时，大概超过80%的人会说，他们不相信人们都尽其所能了。

有趣的是，布朗通过研究发现，那些不认为人们都在尽其所能的人，都在力争完美，并为失败而导致的羞耻感进行内心的挣扎。那些认为人们都在尽其所能的人，则会更加拥有悲悯心，鲜少对人加以评判，会设置更健康的心理防线。布朗发现，那些认为他人都在尽其所能的人，会更相信他人和自己都是一样有价值的。也就是说，能够积极地回答这个问题，会更善意地对待自己和他人。

接下来的问题同样非常重要，尽管可能要依情况而定。想一想，与你相处和共事的人并不是你所希望的那样对你有所帮助。想一想，一些团队的成员并没有在一个项目上尽职尽责，一个领导过分挑剔或者给了一些不尽如人意的指导，或是对付一帮无法无天的孩子。

在那些情况下，你更可能问自己哪个问题，"他们为何不能更加对我有帮助"还是"我为何无法启迪他们"？

作为一个大学老师，以及两个10岁以下孩子的父亲，对我来说，这种对自己发问的练习并非总是简单易行的。然而，当一个学生在课上睡着（不频繁）或者当我在管教孩子时（更频繁），我会问："我为何无法启迪他们？"这个问题每一次都给我带来深刻的影响。它迫使我要去尝试理解他们的所见所感，以及思考我能够怎样调整自己才能与他们更好地同舟共济，并且给予他们所需要的帮助。当我不能像这样去思考问题时，我通常会问："他们为何不能展现自己的光芒呢？"然后变得更加挑剔苛刻。指责他们意味着，我在继续认为自己很棒，而现实或许是，我也有很多可以提升的空间。

当我问自己："我是什么样的人而导致他们无法展现自身的光芒时？"即使我是在脑海里问这个问题，我的同事、学生和孩子都能够感知到我的内在开始呈现出的外向型心态。我能看出，这个问题也对他们产生了深远的影响。

由于我们的内向型心态/外向型心态是我们和他人进行互动交流的基础，因此我们必须意识到自己当下的心态，以确保我们展现的是外向型心态，或正在努力实现它。我希望通过确认这3个问题，你能更清楚地意识到自己的内向型心态/外向型心态，推动你提升自己的思考力、学习力和行动力，以及相应的，让你在生活、工作和领导力等方面取得成功。这里再次强调一下这3个问题：

- 你是内向型还是外向型？
- 你是否认为，总体来说，人们都尽其所能了？
- 你是什么样的人而导致他们无法展现自身的光芒？

第 18 章

看世界的方式各不相同

> 看看另一个自己撕开普通人的面纱，展露出叹为观止的复杂灵魂，以及每一次生命体验的壮丽之景。
>
> ——金伯利·怀特

当你回首往事，是否能够辨认出人生中所有的关键转折点？你采取的行动、做出的决策、建立的关系、获得的洞见或者遭遇的处境，从根本上改变了你的人生轨迹。这些转折点往往都有一个共同点：心态的改变。出于各种原因，它们改变了我们看待世界的方式，变换了我们所看到的世界，我们思考和生存的方式，以及让我们重新理解了为何而生。

其中对我影响最深远且让我变得谦卑的一个转折点就是，有一天我突然意识到自己有内向型心态。在那之前，我每天都以为自己是在以最好的方式看待这个世界。我从来不会过多地思考我的心态，并且表现得对自己的内向型心态一无所知。我特别关注自己是否按照自己的意愿生活（彰显我是一个以自我为中心的人），以及我错误地以为，每一个人都以和我一样的方式看待自己和周遭的世界。

然后，幸运的是，我得到了一本书——由亚宾泽协会出版的《领导力与自我欺骗》。这本书聚焦于内向型心态和外向型心态之间的差异性，以及每个心态对我们每个人的生活、工作和领导力所产生的影响。这本书让我第一次知道了心态。

我希望这本书也能给你们的生活带来同样影响。它让我意识到自己从未思考或探索的内心更深层的部分——我的心态。阅读《领导力与自我欺骗》这本书让我幡然醒悟："我之前是盲目的，但是现在我看到了"自己所经历的一切。然而它给我的真正启发，是让我看到了自己内在的丑陋。因为我一直无视自己的内向型心态，我也无法看到它影响我看待世界、思考、生活，以及与他人交流的方式。在拜读此书时，我变得谦逊并且内心充满了懊悔。我之所以谦逊，是因为我意识到了一个现实，我看待世界和生活的方式并不是几近完美的。我懊悔的是，我总是告诉自己，我对他人充满爱和关心。然而我深深地明白，从本质上讲，我真正爱和关心的人只有我自己。

因为这些感悟，我回溯了人生中的那些情境——我的内向型心态让我的行为损害了他人的利益而成全了自己。这让我很好奇，如果我不是那么以自我为中心，我的人生和人际关系是否要比现在好得多。

从我的思维角度，我看到的是如小山丘一般的自觉良好的经历，而在其一旁伫立着一座高山，象征着我本可以做出却没有做出的积极改变，就是因为我的内向型心态。

我现在正在看着堆积如山的悔恨。

尽管这次的觉醒经历让我心生谦卑和痛楚，但是也让我获得了心灵的自由。我现在感到，自己拥有了重建自我和心态的资本，让自己不再活在懊悔中，同时让自己的生活可以对那些与我有交集的人产生最积极的影响。

这是否意味着，我从此就会一直活在外向型心态中呢？绝对不是。我因为重新陷入内向型心态而确实错过了很多对他人产生更多积极影响的机会。但是，觉知到这些心态后，至少我能够感觉到，我可以选择自己所需要的心态，并且有能力改变心态。在学习内向型心态和外向型心态之前，我对自己的消极看法和行为一概不知，我也不会主动思考任何不同于我的其他观点。现如今，我不再是一个有天生的消极心态的人生过客，而是一个动力十足的人生驾驭者，能够以最可能有效的方式来掌控自己的人生以及与他人的人际互动。

关于我的经历可谓言之足矣。接下来，让我们深入探讨与内向型心态相对的外向型心态是如何推动我们的思考力、学习力和行动力的。

思考力

我们的内向型心态／外向型心态对我们的思考力的影响有极为深

远的意义。

我曾经参加过一个探讨养育问题的会议。我被邀请分享一些关于如何提高育儿水平的个人观点。我建议，如果我们想变成更好的父母，就必须反思自己的痛点，以及在那些时刻问问自己：是什么样的我让他们不能展现自己的光芒？我解释了这样的问题会如何将我们带入外向型心态，以及采用个性化的抚养方式以期更好地满足孩子的内在需要。

就在我提出自己的建议后，一个和我有过几年之交的人表示尊重我的观点，但并不认同。他叫汤姆，我们之前的所有交流让我认为，他有强烈的内向型心态。或许他的强硬观点最能说明这一点，那就是他会用他所谓的"我的方式或捷径"来养育和管理孩子。这多半是内向型心态的表现。因为在这种心态下，父母只会关注对自己最容易或最好的方式，而不会考虑对孩子最好的方式。

在回应我的发言时，他认为，作为父母，许多时候我们无计可施，而不管我们做得有多好，我们的孩子还是会误入歧途。说到此，汤姆变得情绪化，甚至有些泪眼汪汪。汤姆继续解释道，他有两个年龄相差两岁的孩子，都二十出头，而且是在同一种养育方式下长大的。其中一个变成了一个"榜样型"孩子，任何父母都会为之感到骄傲，另一个孩子则沉溺于毒品和色情。

这个经历让我感到惊讶不已，因为汤姆和我对养育的看法截然不同。汤姆认为，对他的两个孩子来说，在同一种养育风格下长大才是最好的。他想尽了办法培养优秀孩子，他不可能再用不同的方式来阻止女儿的一些冒险的决定。与之相反,我认为,尽管对每一个孩子采取个性化养育方式对父母来说是具有挑战性的,但对孩子是最好的方式。我们可以一直学习如何为培养优秀孩子做更多的事。当有负面情况发生时,我们应该反思,当时我们如何让他们失去了光芒。当有人有内向型心态后,比如汤姆,是否会变坏,甚至犯错呢?

当我有强烈的内向型心态时,我是否是一个坏人呢?都不尽然。我不会故意做一些伤害他人的事。汤姆也不会。但是,回顾我有内向型心态的那些时刻,我看到了我的思考、行为是如何伤及我身边的人。

让我分享一个例子。正如我之前所提及的,我从小就打篮球,有一个想要到大学里打球的崇高理想。可不幸的是,当人们有内向型心态时,其思考通常会因不够全面而有所欠缺。他们相信,生活给人们的奖励就如同一个巨大的馅饼,通过竞争,每个人都能让馅饼变大,然后尽可能满足他们所需要的分量。因为我有内向型心态和不充分的思考,我认为我的队友都是我的竞争对手。我需要比他们表现得更加优秀。这让我认为,把球打好、自己多得点分以及多拿篮板球,要比帮助球队获胜更为重要。在这种心态下,我感觉自己就是一个"球霸"。那时,尽管我可以看到自己的显著成绩,但是我无法看到我对球队和队友所造成的消极影响。现在,一切昭然若揭。我在球队营造了一个消极的氛围,我的行为方式无法让我们的球队成员共同取得成功。

当我们陷在内向型心态的泥沼时,我们会对自己的思考和行动方式自圆其说却无视自己的行为给他人造成的消极影响。即使到现在，或许在过完一天后，我还是会跌回原来的内向型心态。那样的话，我会更容易变得沮丧而不能理解自己。例如，对我的孩子来说，吃饭时把杯子或碗里的东西弄洒了，是一件很正常的事。当我有外向型心态时，我认为那些情况是对孩子进行教育的机会，甚至是一次让我和孩子共同收拾残局、建立亲密关系的机会。但当我有内向型心态时，我会认为这些情况是一件让我不得不面对的挫败体验。理所当然且不幸的是，我比较容易变得灰心丧气，并且对孩子挑三拣四。因为我的内向型心态让我总是要给自己找麻烦，我无法把这样的情境看成是与孩子增进交流和对他们进行教育的机会。

学习力

当我们有内向型心态时，我们会让自己成为最闪耀夺目的那个人。取得成功时，我们会迅速变得沾沾自喜，经常喜不自胜。遭遇失败时，我们则会迅速地指责抱怨他人，当局者迷，看不到自己存在的问题。从这个角度来看，我们几乎没有任何学习、成长和发展的空间。

让我们回到前面例子中的艾伦。在他职业生涯的前半段，他的管理风格类似于赞德——把自己的下属视为必须对他言听计从的工具。员工只是一些为他所用的物品，他从不关注他们的需求和兴趣，只会让他们做一些使他们觉得有辱人格和有失身份的事情（例如打扫个人办公室）。因此不出所料，他的机构员工流失率极高。他不仅无视自己是造成问题的根源，而且认为他的管理行之有效，他几乎不想改变或提升自己的管理方式。

但若艾伦把自己的心态变得更加外向型的话，他就能在多个方面加强自己的学习力和管理能力。如果艾伦视他人为自己的附属品，那么他有多大的可能倾听他人的意见呢？而要是他视其他人都是有价值的人呢？他会变得更乐意敞开自己的心扉，重视他人的想法、观点、意见、建议和反馈。当我们认为他人的想法和我们的一样重要时，与当我们认为自己的想法比他人更重要时相比，我们的学习能力会有所不同。

想一想当问题出现时，依照艾伦的心态，他或许会有怎样不同的反应。如果他还陷在内向型心态里，他可能会认为那些问题都是他人的错，从而发问"他们怎么了"；但是如果艾伦变成外向型心态，他有可能会看到他自身潜在的问题，和赞德一样问自己重要的问题："是什么样的我让他们不能展露自己的光芒呢。"这样的问题能够让艾伦的个人洞见得以发展。如果不这样问，他还是会无视其他人的思维方式。在这两种选择中，哪一个能够提高学习速度和个人成长呢？

当我们以外向型心态行事时，我们能够更清楚准确地看待自己和他人，也让我们看到他人的内在价值和自己的不足。有了这些必要条件，人就会变得谦卑，也会带来积极效果，包括提升学习、成长和发展的能力。

行动力

我们的心态会制造连锁反应。心态先影响我们看待他人的方式，然后我们又依此对待他人。也就是说，我们看待他人的方式会影响我们对待他人的方式。

如果我们视他人没有价值，我们通常会以消极的态度对待他们。例如我们的日常活动——开车，就很容易让我们陷入内向型心态。你是否曾经拒绝给别人让出你所在的车道，甚至不顾他们用闪灯的方式给你提示？你是否为了抢占车道而插队？你是否曾经对别人大喊大叫或对着他们做下流的手势？这些行为都体现出你在以消极的态度对待他人。当你有内向型心态时，你就会认为其他车都是挡你前路的障碍物，都没有你重要，你就会做出这些举动。

当我们有内向型心态时，我们会习惯给自己的贫穷不良举止甚至是恶劣行为辩护。在电影《隐藏人物》中有一个重要的场景就说明了这一点。在电影里，当凯瑟琳因为她是非裔美国女性而受到同事排挤时，我们看到她在倾盆大雨里跑过 NASA 兰利基地，穿着一身 NASA 在那时给女性工作人员提供的标准工作服：套装和一双高跟鞋。她从唯一的一间提供给非裔美国女性使用的洗手间跑到她的办公桌前，在那里，她和 NASA 的首席数学家一起工作，而且都是白种人。在她刚到办公室时，艾尔问她："你每天到底跑哪儿去……每天都是 40 分钟？"凯瑟琳义愤填膺地说道：

这里没有我的洗手间……这栋楼不设非裔美国人可以用的洗手间。800米外的西园区才有，你知道吗？我只能走去西园区才能上厕所，我还不能用那些便利自行车。艾尔先生，你想一下，我的制服要求裙长过膝、有鞋跟，要戴简约的珍珠项链，但我连珍珠都没有，老天都知道你们给非裔美国人发的工资都很低，根本买不起珍珠。每天日日夜夜累得像狗一样，连用过的咖啡壶都会遭人嫌弃。所以说，每天我要去几次洗手间，请海涵。

是什么让人被当作二等或更低级的公民对待呢？是什么导致了一屋子的人，在看到有人遭到不公时，都不会挺身相助呢？归根结底，是内向型心态让我们认为，自己比其他人更加重要，不把其他人当成真正的人。

只有当我们将他人都视为真正的人时，我们才能做到精神病学家和心理分析师津津乐道的、在健康人际关系中最重要的一个元素：情绪协调。婚姻专家约翰·戈特曼（John Gottman）在他的博客里阐明："不接受情绪的协调性训练，就不可能发展出健康的人际互动关系。"戈特曼把情绪协调定义为"渴望并有能力理解和尊重（另一个人的）内心世界"，也就是要对他人的情绪和情感保持敏感，并且接受它们，然后做出适当的回应。

你是否能够想到一些场景，当人们不能对你的情绪产生共鸣时；当你在工作中感到沮丧却无人表现出关心时；当你对一个账单或产品提出合理的投诉，但客服或公司无意帮你时；当你感到自己的另一半看似更加关注自己的事情(比如看电视)而无视你的悲伤情绪时,你会有怎样的感受呢?

别人不关注你的情感,别人对你、你的情绪和你所需要的帮助都能理解并引发共鸣,这两种情境有着巨大的差异。你会对那些能够与你产生共鸣的人,表示相当大的尊重。反之,你就不会这么做。

你可以在金伯利·怀特(Kimberly White)的一次经历中看到这样的对比。她在自己的书《转变:以人为本如何改变一切》里写了如下经历。

怀特在一家疗养院机构做顾问。她习惯了那里的工作氛围,也喜欢和病人见面,但是她在极力回避一个病人——爱丽丝。爱丽丝很特别,因为她有一半颅骨都缺失了,她的头部在左眼上方诡异地陷了下去。尽管爱丽丝总是戴着一顶棒球帽,但是头部畸形的样子还是很引人注目。怀特总想回避爱丽丝,因为她害怕如果看到爱丽丝,自己或许会被吓得目瞪口呆。

一天午饭时,怀特受到了惊扰。在食堂那边,她听到爱丽丝对着一个路过的护工叫喊。只可惜,这个护工从怀特身边走过去并没能回应爱丽丝。因此,爱丽丝小声说了脏话。

几分钟后,护工回来了,爱丽丝又要喊他,在她含糊不清的句子里说了个"壶"字。但是这一次,护工还是走过她身边没有理她,于是爱丽丝再一次说了脏话。

接着,另一个疗养院的职员走进食堂,爱丽丝再次大喊"壶",这次她同时挥动着手中的水壶。但是,那人也是对她置之不理,然后爱丽丝再一次破口大骂。显然，爱丽丝感到没有人能理解她。

现在，怀特感觉自己陷入了一个困境。她应该回应爱丽丝并面对难以避免的尴尬呢，还是继续安静地吃她的饭呢？在做决定时，怀特回忆起她曾经经历过的头部创伤，那次创伤的结果让她在表达日常用品的名字时出现困难。在那种情况下，尽管她知道想要说什么，但是她的大脑有时候无法想出那个物品的词语，这种情况被称为"失语症"。她记得在这种情况下，人会感到多么的沮丧和窘迫。

她看到爱丽丝的脸上显现出了同样的沮丧和窘迫。

在爱丽丝没注意到时，怀特站起身走到爱丽丝身边。在帮爱丽丝打水时，怀特感受到了她不能正确说出一个词语的挫败感。于是她和爱丽丝寒暄了一小会儿，并确认她的需求得到了满足。

怀特写道，她很难用语言表达她当时的感受。她和爱丽丝聊了几分钟，并没有想到之前让她感到害怕的爱丽丝的畸形头部。尽管两个人近在咫尺，但怀特还是能将其看成一个正常的人，而不是有残疾的怪胎。

她们聊天后，怀特想要"跑步、跳跃和手舞足蹈"。她内心感到如此激动，想要将这些情绪表达出来。她当时觉得她的存在对别人来说意义重大。怀特继续写道："我不记得上一次是哪一个人的人生因我而变得更好。"

在这次经历前，怀特带着内向型心态看待爱丽丝。这让她只关注自我，她会因为看到爱丽丝那畸形的头部而感到不适。只有在怀特有了外向型心态后，她才能把爱丽丝看成一个有需求和欲望的人，并及时施以援手。

在我写这个故事时，我的眼睛湿润了，因为我能够感受到这个故事所带来的影响，这是由外向型心态及其产生的共情带来的力量。我流泪的原因还有一个，那就是我不得不承认，因为我的内向型心态，我不知道错过了多少可以让别人的生活更加美好的机会。

总结

这本书的核心就是，我们看待自己的处境以及我们身边人的方式，会影响我们对他们的想法。拥有外向型心态，是我们能够看到并欣赏他人的真正价值的唯一方式。

我们的内向型心态／外向型心态会导致自己以不同的方式看待自己和他人，让我总结一下这一章节。当你读到每一个方式时，想想："哪一个观点是'更真实的'？"

	有内向型心态的人	有外向型心态的人
我们如何看待自己	自己比他人更重要,世界围着自己转。	自己是一幅大拼图里的一小块,所有拼图碎片都在人生这部巨著中起着重要作用。
我们如何看待他人	其他人都是物品或资源,是给予我们帮助的,或者至少不能对我们起到阻碍作用。	其他人都是真正有价值的人和合作者。
我们如何看待他人的情绪、需求和情感	缺少人性,不考虑他们的观点或者情绪、需求和情感。	善待他人,会了解他们的观点,以及考虑他们的情绪、需求和情感。
我们如何看待他人的思想、行为和付出	其他人都没有尽其所能,喜欢对别人评头论足、挑三拣四。	其他人都尽其所能了。更容易与他人共情,不评判和批评他人。
我们如何看待失败和负面经历	自己所经历的负面事件都是他人的错。	反思自己在失败或负面经历中所承担的责任。

总而言之,当我们有外向型心态时,我们会对自己和他人以及事物看得更加清晰,变得更加夯实,以及更能与我们周围的人步调一致。

第 19 章

重视他人的价值

> 要想让他人变得更有价值,首先必须要重视他人。
>
> ——约翰·麦斯威尔

迈克尔·阿恩特(Michel Arndt)在电影剧本创作领域达到了自己事业成功的顶峰。他为《阳光小美女》写过剧本,此部电影获得了奥斯卡金像奖最佳影片奖和最佳原创剧本奖。他也为《玩具总动员 3》《饥饿游戏 2:星火燎原》和《星球大战 7:原力觉醒》写过剧本。

迈克尔学到了电影制片人必须掌握的让电影成功的秘诀。他说,从某种程度而言,电影制片人必须把制造电影的焦点,从为自己服务转向为他人服务。这个观念上的最细微的变化,就是从内向型心态转变成外向型心态。如果没有发生这种变化,电影必遭厄运。

尽管这个转变是取得电影成功的一个必不可少的条件,但是它也令人感受到转变带来的痛苦体验。"一部分痛苦经历来自放弃掌控。"

那意味着，电影制片人需要放弃他们自身的喜好或价值取向，因为对电影没有帮助。他继续说："我可以认为这可能是世界上最有趣的玩笑，但是如果没有人在屋子里放声大笑，我就不得不放弃这个玩笑。令人内心受伤的是，观众能看到你所看不到的东西。"

很多时候，让我们不能取得更大成功的障碍是，我们不愿依照迈克尔的建议去做：放弃我们自己想要的，转向对我们客户好的东西。当我们有内向型心态、被自我吞噬时，这种转向和放弃就变得愈加困难。

在这一章里，我们将探索的是，如果让自己发展出更多的外向型心态，放下对自我的原本认知，不再认为自己的想法是最好的，那么有多少可能性在前路等着我？

生活中的成功

想象在你一天中的头几个小时里，或许会有内向型心态。起床后，你走到厨房，发现水槽里全是碗碟。你立刻开始批评你的室友、配偶或其他对你很重要的人，因为满水槽的碗碟显然说明他们没有尽力做到最好，他们没有考虑给你带来的不便，而是要让你应付这些碗碟。接着，你走到电脑边，发送了一封电邮。就在你正全神贯注于此事的时候，你的孩子朝你扔了一个玩具让你玩，你的配偶或室友坚持让你读一篇社会媒体的帖子，但这个帖子并没有他们认为的那样有趣。你会（礼貌地）解释说，你正在做事，过一会儿再说，却没有看到他们眼睛里的暗淡之色。

然后，当你赶去工作单位时，你遇到了交通堵塞，就像置身于一个没有车位的停车场，你从后视镜看到一辆车在你旁边行驶，试图超过几十辆车，然后司机极力地想插入你所在的车道。你很不情愿地给他们让路，但是在此过程中，你不停地按着喇叭，竖起中指，告诉他们你的不悦。

这些都发生在你到达工作岗位前。现在想象一下，如果你一直带着这样的心态，你将怎样继续这一天余下的时光。

你的生活中有多少类似的情况呢？以这样的方式生活，是否就是你心目中的成功人生呢？还是成功的人生应该看起来或感觉起来，更像是在和他人的处境共情，认为短暂而简单的交流也可以让他人变得神采奕奕，以及忽略那些鸡毛蒜皮的小事，相信别人是无辜的或情非得已？

我们的内向型心态／外向型心态影响了我们生活的诸多方面，尤其是人际关系。那些有内向型心态的人往往低估高质量人际关系在他们生活中的作用。他们会倾向于认为，人际关系是短暂的，感受良好的陪伴关系给他们带来的好处只是一时的。那些有外向型心态的人认为，高质量的人际关系是一个幸福圆满人生的核心。

如果积极且持久的人际关系是你定义成功人生的一个重要方面，以及你想要提高你和配偶、孩子、父母、兄弟姐妹、朋友或同事之间的关系质量，那么你就有必要发展出外向型心态或提升你当下的心态。

为了说明这点，请思考下面这些问题：

- 你是否能够看出某个人并没有把你当成一个真正的人？
- 当某个人没有把你当成一个真正的人，你会有何感受？
- 在与某个轻视你的人建立关系时，你的兴趣有多大？

你会如何回答这些问题？你是否能够直截了当地回答出来？

这个评估的用意很重要。我们不仅能够看出他人会怎样感知我们，我们也能更多地回应他们对我们的情绪。例如，有没有人为你做过什么好事但只是因为他们想要你有所回报？一个小小的交换条件？你会做何反应？这和有人把你当成真正的人去关心，对你表达善意或为你费心尽力的情形有多少不同呢？

其他人能看出你对他们的态度，他们也会相应地对你做出反应。如果他们感觉在你眼里他们是有价值的，那么他们就会认为你也有价值。如果他们感觉自己在你眼里毫无价值可言，那么他们也会同样待你。如果你想要在你的人生中拥有更好的、更令人满意的人际关系，那么你就有必要提升你的外向型心态，让你能看到他人身上更多的价值。

工作中的成功

当我询问一些专业的商务人士，信任在组织中有多重要时，评分等级从 1 到 10，10 意味着"非常重要"，我很少看到人们的打分会少于 9 分。我们似乎意识到，信任对自己的职业，就和对我们的球队和组织获得成功一样，都起着至关重要的作用。

然而，当我问到这些职场人他们组织中的信任等级时，大多数人给出的分数都在 7 分以下。研究结果也确认了他们的反馈。各种现存已久的媒体资源，包括《福布斯》《快公司》和《工业周刊》都报道了以下的数据：

- 82% 的员工不相信他们的老板会说真话。
- 仅有 24% 的员工相信他们 CEO 的行为符合道德标准。
- 仅有 49% 的员工信任他们的高管。
- 仅有 36% 的员工认为他们的领导是诚实正直的人。
- 在过去的 12 个月里，有 76% 的员工已经观察到工作中的非法或不道德行为。如果被曝光的话，会严重破坏公众的信任。

如果我们相信这些统计数据，那么信任似乎只是停留在我们的嘴上。我们说它很重要，但是在迫不得已的情况下，领导、管理者和员工为了生产效率和利润率，为了免于麻烦，会做出一些损害信任的事情。我们并不知道信任有一个可靠的经济理由。史蒂芬·柯维在其著作《信任的速度》中揭示了一个道理，信任感上升时，行动和生产效率就会增长，而成本会降低。当信任感下降时，生产效率会降低而成本会上涨。

组织中为何会存在这么多的不信任,根源到底在哪里呢?我认为,它的根本问题是由恐惧情绪引发的内向型心态。当个体害怕被他人忽视,遭到差评,或以任何形式被审查时,他们会自然而然地转向内向型心态,进行自我保护。当他们变为内向型心态时,对信任以及职场人际关系质量有何影响呢?做事的效率会降低,成本就会上升。

如果我们想要让信任感和良好的人际关系引领员工和组织取得成功,我们就必须发展和维持一种外向型心态,并且创造这样一种文化氛围,即视他人都是有价值的人。

前面我提到了一些我在盖洛普公司做的数据分析,其中研究了对全身心投入工作起到最重要的作用的 12 个特别条件。我确定,如果员工认为"我的意见对于工作至关重要"是确保员工用心工作最重要的条件,那么第二个重要条件就是要有外向型心态,即"工作中有人会关心我"。通过对 9 个机构、将近 6 万名员工的调查研究发现,42% 的员工对于"有人在工作中把他们整体当作一个人来关心"没有表示出"强烈认同"。当员工有这样的感受时,我发现,只有 12% 的人会全身心地投入工作。原因很简单:如果员工个人得不到重视,他们就不可能用心投入工作。

这个结论是赞德发现的。在他职业生涯的前半段,当他主要关注为自己赢得美名时,他就是在害怕受到他人的批评和指责——一个内向型心态具有的特质。他会更关心自己的成功,而不是乐手的情绪。他把乐手都当成可以让自己名利双收的工具,结果这些乐手对工作极其不满，对他缺乏信任并无心工作。

你认为这种心态是能够让赞德更容易领导和激励他的乐手，还是更加困难呢？你认为这种心态增加了赞德的成功概率，还是限制了他的成就呢？

赞德对自我成功的重视，不仅让自己的工作更具挑战性，而且妨碍了他的乐手展现他们最好的状态。更令人讽刺的是，他一直对成功寻寻觅觅，却最终寻而不得。赞德只有超越自我，拥有外向型心态，重视自己的乐手，才能营造一个良好的工作环境，让他的乐手发挥出最佳的水平，乐团才能取得更大的成功。

这个教训颇具说服力。我们越是过于关注自己的成功，去往成功的道路就越崎岖。我们越是关注那些支持者的情感、需求和成功，我们去往成功的道路就越平坦。这个教训可以延伸到个人与球队和组织的成功之外的领域。这里有两个例子。

还记得查尔斯·安第斯吗？他是安第斯屋顶和防水公司的CEO。我的第一本《5分钟日记》就是他给的。在与他第一次见面前，我和领导力中心的主任见过很多高层领导。他们通常都有类似的头衔，但都是大公司的领导，而不是屋顶行业的领导。在这样的背景下，我不得不承认，我对于与安第斯见面是有些疑虑的。我幼稚地以为，他无法引领领导层做什么。

在我见到安第斯的那一刻，我明白了一切。他是一个充满魅力的领导，想要创造更好的社区环境。多年以来，他都是一个慷慨大方的人，给所有加州橘子郡的人类家园机构捐赠了屋顶。而且几年前，他又加大了捐赠力度。他强大的外向型心态,让他愿意答应任何人向他寻求支持或帮助的请求。他的目标就是,接受一切求助。从那时起,他的捐赠额大幅上升,同时自己的生意和他对社区的影响力也在突飞猛进地扩大。说起来,就在最近,安第斯屋顶和防水公司还获得了美国商会基金会企业公民奖。

安第斯意识到,成功的秘诀,不是要努力为成功而奋斗,而是要努力帮助他人取得成功。外向型心态激发的观念,对于商业和社区发展有着深远的意义。从公司内部来看,安第斯的员工除了维修房屋,还有自己明确的使命。维修房屋不仅让他们的客户能在安全和干燥的环境中生活,而且还提供了一种方式,可以对更广大的社区产生积极影响。在这个使命驱动下,员工坚持与公司同呼吸共命运,相较于屋顶行业的其他企业,他们的员工离职率非常低。从公司外部来看,他们通过"麦当劳之家慈善基金""非营利性领导力计划"和带头解决橘子郡的流浪人员问题,来加强社区的建设。

让我们向橘子郡东部约 2000 千米远的地方看一看,那里的堪萨斯州警察局的特警队让我们看到了一个类似的具有影响力且让人惊叹的事例。多年来,特警队从内向型心态的角度分析认为,犯罪分子就应该被逮捕和监禁起来。在这样的心态下,他们会滥用警力,出警时往往会把烟草吐在犯罪嫌疑人家里的家具上,或者向那些有潜在危险的狗开枪,这些都是稀松平常的事,这导致堪萨斯州警察局收到了最多的投诉,平均每月两三次,警察局为此承担了平均每起事件 7 万美元的法律诉讼费和赔偿损失费。

监管者意识到，他们需要做出一些改变。他们向亚宾泽协会寻求帮助。这是一家咨询机构，旨在帮助一些机构调整他们的内向型心态／外向型心态。由此，特警队迅速发生了巨大的变化。特警队成员的思考力和行动力改变了。他们开始认为，犯罪分子也是人，也需要得到更大的尊重。他们不再于出警期间咀嚼烟草，还请来了一位犬类专家，教他们如何更好地控制有潜在危险的动物，而不是向它们开枪。

这些变化带来了一些深远的影响。特警队以前每个月会收到两三次投诉，而最近6年多没有接到过任何一次投诉。自从他们更加尊重人，市民也更乐意与他们合作，让他们在后来的3年里，挖出了比前10年更多的毒品以及非法枪支。

你如果和安第斯或特警队一起工作，会有怎样的感受呢？你是否会认为员工都自豪于自己给社区带来的影响呢？你是否会认为他们会为自己能够在工作中产生更大的潜在影响力而感到兴奋不已呢？你是否会认为他们的行事方式会让自己受到认可、得到晋升和获得加薪呢？

表示肯定的回答一定会不绝于耳。

我们都希望在自己的工作中取得成功。我们都希望被别人认可，得到晋升，积极促进企业生产力和利润的提升。在我们的愿望和企图中，我们的焦点是什么呢？我们大多数人会自然而然地聚焦在内向型心态所指引的事情上：展现自我、通过一些手段让自己可以从事名扬天下的事情，以及名列前茅，表现出自己优秀的一面。如果是这样，我们就会忽视一个事实，外向型心态是驱动我们获得自身职业和企业成功的一个关键因素。

当我们有外向型心态时,我们的思考、学习和行为方式就自然而然地给我们带来成功。对成功最有助益的,并不是团队内部为了地位和资源相互争斗、尔虞我诈。相反,这是在帮倒忙。而前面列举的赞德、安第斯屋顶和陡水公司以及堪萨斯特警队等使用的方式才能带来更大的成功。

领导力上的成功

前面我给领导力下了定义,那就是运用个人能量和影响力来引导他人达成目标、取得成就。这个定义有两个方面的含义:

- 一个人不一定需要处于正式的领导职位才可以成为领导者。与之相反,处于正式领导职位的人如果不能引导他人实现目标就不是正真的领导者。
- 领导力最本质的内容就是个人能量和影响力。

先找出3个对你产生影响的人,然后思考是什么让他们拥有这样的影响力。

尽管许多人都会对我们产生影响,但是原因不尽相同。比如,你的配偶可能会影响你和你的行为。但是他为何会有这个能量和影响力呢?是因为你欣赏和尊重他给予你的爱吗?或者是因为他能够限制你的欲望，比如拒绝性爱或是不给你钱买你梦寐以求的物品呢？此外，你的管理者可能也会比你更有能量和影响力。但是再次强调一下，这种能量和影响力产生的原因会不尽相同。对于一个人来说，他的管理者或许会把控他工作环境的质量和职业轨道，但是对另一个人来说，他的管理者也可能会是那个他特别尊重的人。

人们对我们产生更多的能量和影响力的原因和方式各不相同，是因为他们根据能量基础做出了不同的选择。领导有两种主要的能量基础可以依靠：组织的和个人的。当一个人做领导时仰仗的是组织的领导权力，他就会利用职位权威，使用奖励或惩罚的方式，诱惑或强迫员工朝着领导所渴望的目标前行。人们会顺从的原因是，他们感觉自己不得不这么做。当一个人是基于自己的个人能量时，他们会认为，自身的能量来自对他人的尊重和影响，而不是通过奖励或惩罚，是因为他们能够给人带来更多的价值感，以及依靠他们自身所具有的特质。人们跟随那些有个人能量的领导，是因为他们值得跟随，甘愿听从他们的领导。

这两个能量基础中的哪一个能最为普遍地被企业使用呢？从我个人与企业领导合作的经历中可以看出，大多数领导会依靠企业的权力能量。为什么呢？因为这更容易上手。从根本上讲，一个人在拥有了权威时就获取了这样的权力。一旦处在那样的位置，为了对他人产生影响，激励他人，他们就会设定奖励或惩罚。这种领导方式是简单易行的。它对领导本人并没有任何要求，只要登上领导的位置就行。个人的能量，从另一个方面看，更难以获得和使用。个人能量对我们自身是有要求的：让自己成为其他人愿意跟随的人，这需要个人多花些时间，在个人成长和人际关系方面做出更多的努力。

现在说一说更重要的问题：哪一个能量基础更加有效呢？毋庸置疑，组织的能量可以促进工作得以完成，尤其是在短时间内。但是，这通常会带来严重而长期的消极影响。作为一个极端的例子，想一想20世纪的德国总理、自大狂者阿道夫·希特勒（Adolf Hitler）和他的政权。或者，举一个商业例子，想一想"链锯阿尔"（Al Dunlap）。根据《时代周刊》杂志报道，他被称为世上"十大最糟糕的老板"之一。他之所以臭名昭著，是因为让企业能够增加获利的方式是"裁员"或让员工下岗。记者约翰·伯恩（John A. Byrne）是邓拉普传记的作者，他在书中写道：

> 在我这么多年的记者生涯中，我从来没有遇到过像阿尔·邓拉普这样的执行官，如此专政、无情和具有毁灭性……（他）榨干了公司和员工的生命和灵魂。他剥夺了他们的尊严、人生目标和集体归属感，让他们丧失理想，只有恐惧和被恫吓。

这些人大多借由职位的权威和高压政策，拥有巨大的能量和影响力，并且成就颇丰，但是他们付出的代价是什么呢？

当我阅读与领导者和管理者的有效性相关的统计数据时，我清楚地看到，大多数管理者都是在依托组织权力的基础上领导工作。这些统计数字包括：

- 3/5 的员工会认为,与获得更高的薪水相比,他们更希望换一个老板。
- 1/3 的员工反馈,他们与管理者的关系"不怎么积极"或糟糕。
- 3/5 的员工反馈,他们的管理者伤害了他们的自尊。
- 2/5 的员工反馈,他们的管理者没有帮助他们提高工作效率。

因此,更有效的领导方式就是基于个人的能量。这就要求我们变成一个值得让人跟随的人,只是因为我们这个人,而不是因为我们所在的领导职位。当我们变成这样的人,我们就能够对他人产生健康积极的影响;我们就能够营造一个环境氛围,让这里的人们愿意工作,而不是感觉自己不得不工作。这样的方式能够让我们有机会在那些被我们领导的人身上,留下积极的、有影响力的甚至是改变一生的印记。

对于某个依靠组织权力行使领导职责的人,鲜少得到以下的评论:

- 他是合作过的最好的管理者和领导。
- 他帮助我成就了今天的自己。
- 他不只是我的管理者还是我的导师,帮助我获得了成功的机会。
- 为了感谢他为我所做过的一切,我可以为他赴汤蹈火。

需要我们理解的关键内容是,内向型心态或外向型心态在我们主要依托的能量基础中,扮演着怎样的角色。

当我们有着内向型心态时，我们的思维会被诱使去做对自己来说最容易且最方便的事；我们会利用我们的职务之便，让自己的付出得到快速的回报。那就意味着，主要依靠奖励和惩罚政策，让下属做领导希望他们做的事。我们并没有投入时间与我们的下属建立关系，是因为我们并没有重视他们的价值。我们只是利用他们去满足自己的需求和利益。而且，我们通常不会考虑他们为此付出了多少代价。我们或许会强迫他们在周末加班，以完成我们的目标或赶工期，却几乎不会关注加班或缺少休息日对他们所造成的消极影响。

当我们以这种方式做领导时，员工、同事或是团队成员就没有理由想要跟随我们，不会被我们的影响力感染。如果他们感觉到，在我们眼里自己没有价值可言，他们会如何看待我们呢？或许也认为我们是无价值可言的人。

当我们不重视他人的价值时，他们会以最好的状态、最聪明的方式、最努力的态度，使用最熟练的技能进行工作吗？不会的。他们会徘徊在平庸和惩戒的边缘，迫使领导更多地依靠自己的权威和奖惩手段，让工作得以完成。这就变成了一种令人沮丧的恶性循环，员工的工作不力让领导的恼怒情绪不断升级，而员工也会变得越来越不满意自己被当作无价值的物品来对待。

反之，当我们有外向型心态时，我们的思维会被诱使去做对我们下属最好的事。我们不去利用自己的权威和奖惩手段从事领导工作，是因为我们要尽力提升作为一个领导的性格特质，让其他人愿意跟随我们，并以我们为榜样。此外，我们意识到，我们对他人的影响力的大小，是根据我们与他们关系的好坏而定的。这就会让我们投入并发展与下属之间有意义的关系。

在前面，我们提到的戴维，一个较大型企业新晋的人力资源领导。他给我讲述了最近一次和他的下属亚历克斯之间的交流。亚历克斯在企业里工作了 30 年之久。在这次见面中，戴维询问了亚历克斯未来职业生涯的目标。"我不知道，之前从没有人问过我这个问题。"亚历克斯回答道。

从这个简单且令人惊讶的回答中，你可以看出亚历克斯之前领导的领导方式及其权力基础吗？你认为，亚历克斯有多大意愿跟随戴维并受到戴维的影响呢？我可能会说非常愿意。事实上，戴维就是这种让员工愿意为其赴汤蹈火的领导。他上任后的目标就是，要在他在任的第一年里，亲自会见企业里所有全职员工。最终他实现了这个目标，以此向我们昭示他的外向型心态。

希望你们明白一个道理，一个领导可以用外向型心态来影响整个工作团队的工作氛围。如果你不仅被看成是一个真正的人，还被当成一个有价值的合作者、一项任务的利益相关者，你就会以最佳的状态、最聪明的方式、最努力的态度，使用最熟练的技能进行工作。引用亚宾泽协会在《跳出盒子——领导与自欺的管理寓言》一书中写到的一句话："简单地说，当被视为一个真正的人时，我们并不了解聪明伶俐的人会有多聪明、技艺娴熟的人会有多娴熟，以及勤奋努力的人会有多勤奋。"

不去制造一种令人沮丧的恶性循环，你就可以基于个人的能量，营造出一种鼓舞人心的良性循环。外向型领导会让他的追随者有责任有担当。当员工在其职位上表现出众时，在他们渴望跟随的领导的推动下，他们提升了领导对他们的信任度。相应地，这也给他们带来更大的责任和权力。

作为一个领导，你的执行力的强弱，取决于你怀有多大程度的外向型心态。怀有外向型心态，你就能：

- 带领你周围的人也拥有外向型心态。
- 让你所领导的人，有更多的动力加倍付出、提高自己的技能和聪明才智。
- 制造一个鼓舞人心的良性发展过程，而不是一个令人沮丧的恶性循环。

作为一个领导，在所有环境下都要坚持这样的心态。

在我对这两种心态进行研究的过程中，看到了这些影响。在和一家有2000名员工的企业合作时，我可以调查员工对他们领导的内向型心态/外向型心态的感受。4个星期后，我询问了那些员工对自己工作环境的看法。如果员工给领导的评分是1~4分，那么说明领导有强烈的内向型心态。那些员工对领导的信任度、包容度和心理安全感的评分依次分别是3.29、3.94和3.92，这是在1~7的分值区间里，按照从"强烈不同意"到"强烈同意"进行打分的。从本质上说，1/4的员工强烈地感觉到，他们的领导并未把他们视为一个有价值的人，他们不信赖领导，没有感觉到自己在工作中被接纳或感到安全。如果员工为他们的领导评分在 4~7 分，则表明他们的领导有很强的外向型心态。他们对领导的信任度、包容性和心理安全感的评分分别是 6.59、5.86 和 5.60。对于信任来说，这是超过 100% 的增长。

总结

《跳出盒子》一书指出了内向型心态/外向型心态的重要性及其后果。书中说的"这个将父亲和儿子、丈夫和妻子、左邻右里区分开，同样也区分了同事之间的差异性"，这就是内向型心态，"它也是让家庭和企业都不能有所成就的原因"。

最终，作为人类，我们最基本的责任就是，将他人看成有价值的人。这需要我们有外向型心态。如果我们能让自己的心态变得更加外向，我们就能提升人际关系的质量，提高工作效率，成为他人愿意跟随的领导，对他人产生影响。

第 20 章

如何培养外向型心态？

> 我们都是人，不是吗？每个人都值得拥有自己的人生，都值得被拯救。
>
> —— J.K. 罗琳

回顾你的过往，确认那些对你来说最有意义的经历。在那些瞬间，你是有外向型心态还是内向型心态呢？

对我而言，最有意义的经历是，我在那一刻能够将心态转变为外向型。允许我分享两段有意义的个人经历：一个是我初尝外向型心态的滋味，另一个则是一次无关紧要却对我产生了深远意义的事件。

我的内向型心态

在我 13 岁那一年的圣诞节，我和父母在为出行准备行装。尽管我对探险兴奋不已,可我并不是很开心。那次圣诞节,我没有送出也没有收到任何礼物,我和父母加入了一个人道主义组织,去危地马拉的一个小村庄,为当地人提供救助服务。

我们的团队有30多人。其中一半是牙医和牙科保健员,他们会给当地人做牙齿保健,主要是拔牙。另一半人则要去帮助安装一个新的供水系统,这是我所在的小组,由我的父亲(一个土木工程师)带队。我们要寻找一个未被污染的泉水水源,并将其围起来,然后用水管把泉水接入混凝土水库。这个水库之前是由一个人道主义探险队建造的。我的工作就是负责用砍刀开路。我要在一周里为所有的工人和水管劈开一条没有障碍的小路。

我们在圣诞节早上启程,经过一次转机,降落在湿气很重的危地马拉。在接下来的10天里,我们要在一座茂密丛林间的山村校舍里宿营。我们坐的大巴车在盘山公路行驶了近10个小时,然后我们又徒步了很远的路程,才到达那里。

在犹他州中产阶级家庭里长大的我,从没有为即将面对的贫困状况和绝望心情做过任何准备。

小山村蜗居在四周环山的山谷里,一座校舍坐落于山谷的中心,这就是我们宿营的小屋。校舍建在主干土路的边上,一片泥泞。尽管当时天气干燥,但是我们在的那段时间,道路一直是湿漉漉的。这条道路既是通行的主干道,又是足球场和放牧牛羊的地方。

当我扫视四周的山坡时,我能看到那些倾斜的小屋掩映在树丛里,若隐若现。山坡被郁郁葱葱、一人之高的灌木覆盖着。那些灌木就是咖啡植物,本地的所有家庭都以采摘咖啡豆为生,每吨挣10美元。采摘完咖啡豆,男人和男孩要将咖啡豆拖下泥泞湿滑的山坡,每人肩上都背着一只三五十斤重的麻袋。

我依然沉浸在我周围的世界中。我注意到,有一根竹子被从中间砍断,从马路对面的灌木丛里伸出来。一股涓涓细流从竹子里流出,这就是村里人用来饮用、洗澡和洗衣服的水源。之后我发现,这个水源受到了污染,当地孩子因此生病。水源污染导致当地儿童病死率很高。

作为一个来自犹他州中产阶级家庭的孩子,我感到不知所措,不知道这世界上还有人是这样生活的。

后面的9天里,我的团队徒步几千米,穿过潮湿泥泞的山坡来到泉水边。我们将其做了清理并围了起来,开始铺设水管。每天忙完这边,我们会回到校舍帮助牙医工作。等着看牙的病人每天都排着一条望不到尽头的队伍。人们从几千米外的地方赶来。许多人是连夜步行而来,就为了拔颗牙。我从来没有见过这么多人,在拔完牙并摆脱了令人痛苦的牙疼后,会那么宽慰和开心。你是否能够想象,你满怀期待,连夜赶路,就是来拔颗牙?这个感觉太令人心碎了。

我由于年纪小,还不能给牙医直接当助手,就负责一些轻松愉快的工作,和村里的孩子玩耍,以防他们打扰牙医的工作。他们对我早就习以为常的日用品,尤其是摄像机,感到非常好奇。我可以给他们录像,然后回放给他们看。因为大多数孩子都没有镜子,这下他们终于有机会看到自己,于是他们乐此不疲。有时候,孩子们还会把我层层包围起来。

尽管看到这样的贫困状况,为他们做了很多事,我还是很在乎自己的感受。我会抱怨那里的食物,例如大米、豆子、芭蕉。当我工作时,我尽可能不让自己感觉太不舒服或太脏。除此之外,我只关注我感兴趣的事情,不一定是我的团队需要我去做的事,这让我在劈开小路时捅了一个马蜂窝,我的脸、脖子和手臂被蜇了不下十次。

然而,在我们待在村庄里的最后几天,我的心态转变成了外向型心态。尽管我没有意识到这个改变,但是我的行为开始变得有所不同,抱怨少了,而且工作更加努力。我不再像以前那样总是想要让自己感觉舒服,而是渴望在社区中帮助人们进步,为他们服务。我不再关注自己得不到的东西,而是开始对我能够享受到的安逸生活心生感恩,而这一切是当地人无福享受的,比如干净的自来水和鞋子。事实上,我感到自己曾经的一些行为十分愚蠢。我曾多次和父母争吵,只是因为没有收到圣诞礼物,或者总是要勉为其难地穿那些没有品牌的衣服。

在那里的最后一天,尽管我准备要好好地洗一次澡,再在床上睡一觉,但我的心还惦记着当地的这些人,久久无法平静。我极度渴望能够以任何可能的方式帮助他们。在很多方面,我们的想法都是一致的。

短短几天,我就经历了那么大的变化!

我现在愿意(甚至非常想要)尽可能多地将自己的衣服和物品留给危地马拉的村民。

我年少时从来没有这样把他人视为有需求和情感的重要人物，至少没有比我自己更重要。我也从来没有重视过其他人，就像我重视村里人一样。尽管我没有意识到，这是因为心态的改变，但是我确实看到了，我们可以通过不同的视角，看到人生可能的样子。

我希望我可以说，外向型心态从那一刻开始，就在我心中扎根了，但是事实并非如此。然而，自从我开始致力于提升自己的心态，在危地马拉山区的经历让我清楚地知道，我需要让自己发展并拥有怎样的心态。

我体会到的外向型心态

几年前，我有过一次微不足道但意义深远的经历，它让我彻底地发展出强大的外向型心态。这种感受我在危地马拉也经历过。

每年，安纳汉天使队会和加州州立大学富尔顿分校巨人队合作，举行一场巨人之夜比赛。买票的教职员工以及参加比赛的人，都会收到一顶安纳汉天使队的帽子，底色用的是加州州立大学富尔顿分校的代表色。由于没有人和我一起去看比赛，我又想要这顶帽子，便独自前往。

自己一人观看棒球比赛的好处之一就是，你通常可以偷偷地溜到一个没人坐的最佳位置。在第一轮 7 局中的大部分时间里，我就坐在安纳汉球员席后的几排，自豪地戴着比赛帽。不幸的是，天使队溃不成军。于是，在第 7 局的最后，我开始慢慢走到离体育馆出口最近的一个入口。当我快要走到最后一排时,一家人挡住了我的去路,询问我帽子是在哪里买的。他们解释说,他们的儿子(去买特价票了)特别渴望能有这样一顶帽子,问我可以在哪里买到。我告诉他们,我的这顶帽子是买票时的赠品。

突然,我冒出了一个想法:把我的帽子送给这个孩子!但是,我的内向型心态很快就蹦了出来,提醒我,我来看比赛的目的就是得到这顶帽子,而且是为此独自前来,我还耐着性子坐在那里看到了天使队的惨败。

这家人对我表示了感谢,于是我就走开了。大概走了50步远,我的脑海里还在进行着一场激烈的辩论,争论的一方是在那一刻我内心出现的强烈的内向型心态,而另一方则是我所渴望拥有的外向型心态。我想尽了所有我可以留下那顶帽子的理由,尽管我的外向型心态极力想要避开这些借口。但在那时,我问了自己一个问题:如果我把帽子送给了那个男孩,他会有何感受?这个问题直接把我带入了男孩和他家人的情感世界,而不是我自己的情感世界。

我停下了脚步,回头走向那一家人,然后把帽子送给了他们。令我惊讶的是,他们10个人都站了起来,又是和我握手,又是给我拥抱。在我离开后,在危地马拉有过的感受再次向我袭来。我知道,我做了一件十分正确的事情。我的外向型心态让我知道,这种重视他人并给予他人帮助的感受,值得我们为此付出。

你可以拥有外向型心态

我分享的这些经历说明了两件事：首先，将我们的内向型心态改变为外向型心态，即使对某个天生就是内向型心态的人来说，都是可能的事。其次，当我们用外向型心态生活时，生命会展现出不可思议的价值和意义。

做出这样的改变，不是我独有的。让我们来探索一下，美国国防合约商雷神公司是如何将内向型心态转变成外向型心态，从而迅速扭转公司状况的。这个例子出自亚宾泽协会写的《外向思维》。

公司合并后，路易斯·弗朗西斯科尼（Louise Francesconi）掌管雷神导弹系统，她接到指令必须在30天内削减1亿美元的经费成本。她组织了一次有各个部门领导参加的会议，旨在共同商议如何从预算里砍去1亿美元的费用。

想象你是参加会议的一位部门领导，因为知道这个会议的目的，你会抱着怎样的心态，并且需要为此做些什么呢？你会想要守住预算里的每一分钱，对吗？不出所料，这些部门领导都有一种内向型心态，都希望尽可能地保护自己部门的利益，认为其他部门的领导都是自己的竞争对手，都是在和自己争抢宝贵的资源。

尽管每个部门领导都象征性地削减了一些部门经费，但是他们共同加起来的总数还远远不到1亿美元。这个讨论迅速升级成为裁员问题，他们的内向型心态变得更为严重。一时间公司里草木皆兵，这些部门领导都想着要保护自己部门的员工。

看到这个会议进展不顺，弗朗西斯科尼做了两件事，改变了会议室里所有人的心态。首先，在裁员问题上，她让部门领导拟出一份可能要被解雇的员工名单。然后她问他们，解雇会对员工本人、他们的家庭和更大的社区意味着什么。这些问题让这些领导开放了思维，意识到一个事实，他们不是在讨论物品而是在讨论关于人的问题。

其次，弗朗西斯科尼让领导团队里的成员自己组队。他们用了两个小时，彼此进行了一对一的会谈。在这些会谈中，他们尽可能多地了解其他领导的业务领域，思考他们如果合作可以创造出怎样的工作效率。这个活动让领导团队成员不再极力地保护自己，而是开始重视其他部门领导，认为他们的需求和情感也和自己一样重要。

这种心态的改变带来了一个惊人的结果。比如，一个部门领导主动将自己的部门并入同事的部门，以此可以省掉700万美元的费用，尽管这样做会降低他在公司里的职位。其他这种形式的改变也发生了。最终，通过关注心态，并帮助部门领导把他们的内向型心态变成外向型心态，领导团队从预算里整整缩减了1亿美元的经费，而且保证了最低的裁员数量。这段经历及一直以来对外向型心态的重视，让雷神公司的业务一度翻了两倍，而专家们还一度预测雷神公司业务的增长不可能超过5%。

发展外向型心态

如果你想要从内向型心态成长为外向型心态，或只是提高自己的外向型心态,你能做些什么呢?

我们已经揭示了努力改变心态的前半段道路:首先要有觉醒的过程,了解这些心态以及它们强大而多样的含义,确认自己当下的心态,以及铭记自己拥有外向型心态的重要时刻。在后半段道路上,我们所要付出的努力就是,改变大脑里的神经连接方式,走出可能一直深陷其中的思维定式。为了做到这一点,我们需要另外再做 3 件事:

- 确认自己内向型心态的根源。
- 不断地使用关键问题来评估自己的心态。
- 照顾好自己。

确认内向型心态的根源

我们变成内向型心态主要有两个原因:恐惧和自我背叛。我们只有意识到自己身上的这些问题,才会停止无视自己的内向型心态。

恐惧

就像此书里讨论过的所有消极心态,内向型心态源于人们的恐惧。具体而有形的恐惧会加重内向型心态。主要包括下面的内容:

- 害怕自己不能表现完美。
- 害怕自己被忽视。
- 害怕自己不能实现目标或辜负期望。

当我们带着这些恐惧时，我们就会倾向于进行自我保护，心态变得内向，更加关注自己而不是他人。

上面的3种恐惧也根植于一种不全面的思维模式，我们在前面讨论过。当我们的思考不够全面时，我们就会认为生活的奖赏（例如晋升、赚钱、被爱）就是一块固定大小的馅饼，我们只有力争获得尽可能大的那一份。当我们认为其他人得到了很多份馅饼时，我们就会感到留给自己的所剩无几，这就会让我们的心态变得更为内向型。

最近我和一个在中型银行工作的中层女主管进行了一次对话。女主管说，她那个干劲十足的CEO最近和他的董事们一起制定了一个高远的目标：要在一定时间里，让资产数量翻倍。快到期限时，银行CEO变得更加疯狂，不断地给银行管理层施加压力。女主管感觉，CEO是在指望用强权手段鞭策他的下属加速成长。

从这个女主管的角度看，这个银行CEO就有上面提到的3种恐惧。第一，他所制定的有时间限制的目标，就是要和其他银行竞争更多的客户。也就是说，他害怕自己的表现不够完美。第二，尽管她不是很确定这个CEO为何要制定这样一个目标和时间期限，但是她怀疑他希望把银行卖掉赚大钱，然后去更大的银行做一个高管。这可能是这个CEO能"升官"的最好机会。如果他不利用这次机会，他就会"错失"良机，让自己不能得到重用而被忽视。第三，因为他对股东所做的承诺，他当然害怕不能实现这个目标，生怕辜负了股东的期望。

对任何人来说，无视那些被施加强权的人的价值，是对人施以强权的唯一方法。不幸的是，由于CEO有恐惧心理，他的行事方式完全处于内向型的自我保护模式。在他眼里，取得目标的最好方式就是逼迫员工努力工作，这说明他对员工的做法是苛刻和不讲情理的。他无法看到，在如此短的时间内，即使让员工拼命地加班加点工作，也无法让银行的资产翻倍。银行只要在业务上改变方式，就能比以前更有创造性和创新性。但是，是否领导利用强权就能营造出具有创造性和创新性的工作环境呢？不是，而且恰恰相反。

实际上，他的恐惧和内向型心态，导致他的领导方式成为银行实现企业目标的阻碍。

为了给CEO找到一条出路，他需要明白自己内心的恐惧到底是什么，并进行全方位思考，让自己相信，馅饼是可以变大的。如果他认为自己已经尽力了，卖掉银行不是他唯一可以"升官"的机会，为取得目标所经历的有意义的过程本身就是一种成功，那么他就会更加重视员工，能够更好地营造具有创造性和创新性的工作环境，而这又是在一开始他制定目标时所需要的条件。

自我背叛

我们的心态会变成内向型的另一个原因就是，自我背叛。当我们感觉应该为另一个人做些什么但是我们无动于衷时，自我背叛就发生了。

这似乎是一件无足轻重的小事，甚至或许是司空见惯的事，看似正常，但其背后的深意令人惊叹，因为这样的背叛会扰乱自己的情绪。

C. 泰瑞·华纳（C.Terry Warner）著有一本非常精彩的关于背叛的书《让我们自由的纽带》，下面的例子就是出自此书。

理查德三十出头就结婚了，并且还有了一个小宝宝。某天清晨2点，理查德醒来听到了宝宝的哭声。那一刻，他感觉自己应该起床去看一下孩子，这样他的妻子就没必要被吵醒了。但是理查德背叛了自己的感觉，选择不起床去查看宝宝的情况。因为他没有做自己觉得该做的事，所以他不得不去处理让自己羞愧的处境。他需要给背叛自己的行为找出正当的理由。

当我们发现自己不得不去给自我背叛找个借口时，通常会有3种回应方式，这往往会让我们变成内向型心态。

第一种，我们会为我们考虑不周的行为找理由。在理查德的例子中，他必须让自己的不作为看似正当。他会认为，他那天要是起得太早，他就没有充足的睡眠来支撑他"重要"的一天。

第二种，我们会指责他人。作为自己辩护理由的一部分，我们感觉自己必须找到一些理由来解释，为何他人不值得我们为其着想。在理查德的例子中，他开始为自己寻找理由，来解释为何他的妻子应该起床去看下宝宝，他想"照顾宝宝是她该做的事"，"她能睡懒觉"，"她或许在把宝宝放到床上前忘记换尿布了，所以怎么说都是她的错"。

第三种，我们认为自己是受害者。当给我们自己找到了借口，指责他人后，我们就会名正言顺地将自己摆在受害者的位置上。当我们没有做到自己该做的事时，我们就会感到自己受到了不公平的待遇。

在理查德的例子中，他现在为自己的不作为搜罗证据，就像他被要求提交一份证词，来回应自己的不作为一样。当我们把自己看成一个受害者时，我们就会保持警觉，并寻找证据，以此来证明他人对我们的怠慢之举。

唯有这三种回应方式可以让我们在没有做到本该做的事时，让自己感觉好受一些。结果却是，让自己变成了内向型心态，在贬低他人的同时抬高自己。与之相反，假如我们重视他人，就不会这样做了。根据华纳所说的，事情的真相是"我们不觉得自己应该与人为善，除非我们找到或编出一些理由来解释，他们值得我们对他们好"。

自我背叛和我们做出的反应会引发一种恶性循环，从而破坏人际关系。最初本来是我们做了错事，结果却让自己相信，是其他人做了对不起我们的事。

我们甚至可以把事情再继续展开。那天早上，理查德会怎样对待妻子呢？他的妻子又会对他做出怎样的回应呢？现在他们的关系紧张，都是因为理查德背叛了自己。

觉知自己的恐惧和自我背叛

让我们变成内向型心态的两个主要原因是，恐惧和自我背叛。这就让我们很容易有理由拥有内向型心态。当我们不能意识到自己的恐惧和自我背叛时，我们甚至就会不记得自己有内向型心态。更糟糕的是，我们会无视一个事实，那就是我们其实还有一个更好的、更富有成效的选择。在我们觉知到自己形成内向型心态的原因前，我们很难将自己的心态转变为外向型心态。

不断地使用关键问题评估自己的心态

　　提高我们的心态需要重置我们的大脑思维。我们可以通过一些小而重复性的干预来做到这一点。

　　重新进行大脑思维的连接，让心态变得更加趋于外向型的一个最好的方式是，不断地问自己一些尖锐的问题，例如：

- 我是否把其他人看成真正的人？
- 他们是否都尽其所能了？
- 是什么样的我让他们不能展现自己的光芒？

　　上面的这些问题使得我们会有意识地重置我们的心态，并且有助于提升我们的外向型心态。我们越长时间地重新调整心态，我们就越可能持续地拥有外向型心态。

　　其他两个可以进行自省的问题摘自《让我们自由的纽带》一书：

- 你是热爱故事里的你，还是在你心中的那个故事？
- 如果你能够从下面的图景里选择一张作为你人生故事书的封面，你会选哪张？
  　　A.你被崇拜者包围，你是他们的焦点。
  　　B.你所爱的以及你最关心的人。

这两个问题都非常有力量，因为它们迫使我们克制以自我为中心，以及纠正看待自己的方式。

有效处理对自我的关心

如果我们的身体需要一些东西，我们的大脑就会关注如何实现这个愿望，然后我们就会产生内向型心态。

只要不陷入绝境，我们就能够控制两个最基本的需求——饥饿和疲劳。当我们感到饥饿或疲劳时，解决这些需求就变成了我们的首要任务。当我们被这些需求控制时，我们就很容易无视他人，并认为他人是阻碍我们实现需求的障碍，因此就有了饿怒症和暴躁不安这两个词。这样看来，我们关注自己的饮食、休息和睡眠是非常重要的。

但是，从更广的角度看，有效处理对自我的关心意味着创造或找到自己生活里的平衡。当我们身体功能紊乱、压力重重或者过度情绪化时，我们就会感到更容易变得自我保护，转向内向型心态，让我们不能拥有外向型心态，并与人共情。

其他的资源

如果你发现这组心态是你需要为之做出一些努力的，以下是一些其他有助益的资源：

- 《跳出盒子》《化解我们内心的冲突》和《外向思维》，亚宾泽协会著
- 《让我们自由的纽带》，C. 泰瑞·华纳著
- 《召唤勇气》，布琳·布朗著
- 《转变：将人看成真正的人是如何改变一切的》，金伯利·怀特著
- 《父母的觉醒》，沙法丽·萨巴瑞著

总结

用来描述从内向型心态转为外向型心态的一个普遍使用的短语是"内心的改变"。你之前只会关注、保护和提升自我，现在却愿意打开你的内心，看到他人身上的价值和优秀之处。

想实现这个转变，需要你做到：

- 学习这些心态以及它们的意义。
- 觉知自己当下的心态。
- 回忆自己拥有外向型心态的时刻，提醒自己拥有无限的可能。
- 了解并认识自己产生内向型心态的根源。
- 不断地用关键的内省式问题来评估自己的心态。
- 照顾好自己。

第六部分

总 结

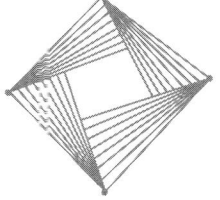

第 21 章

发掘痛苦的根源是取得成功的必要条件

> 想疗愈,就必须找到创伤的病根,然后不断地从下往上亲吻和舔舐它。
>
> ——鲁皮·考尔

几年前,我的妻子成了一个比我还要有规律的跑步者,一般一周要跑上大概 30 千米。尽管她很喜欢这个新的爱好,但她受到了膝盖疼痛的困扰。她最初对待膝盖疼痛的方式和我类似,我在前面说过我的情况。她买了新跑鞋,我教授给她保持跑步身姿的四大原则。

不幸的是,这四大原则也没能解决她的问题。

之后很快,我们全家和我的兄弟一起去度假,他是一个职业治疗师。由于我妻子对治疗膝痛已经日渐失去耐心,深感沮丧,所以她问我兄弟是否对这个膝痛已无计可施了。我兄弟解释说,因为膝盖那里有一块筋腱松动了,所以她的膝盖骨就不像正常人那样稳固。他建议她戴上护膝。

她照做了,而且看似效果显著。她戴着护膝跑步时,膝痛就消失了。接着,发生的一系列事情让她更多地意识到了膝盖的问题,尽管戴着护膝或许可以减轻疼痛,但还是不能真正地彻底解决问题。这些事情都发生在我们坐游轮旅行的时候。由于我开始接受半程马拉松的训练,所以在登船后首先要做的一件事就是去健身馆打卡。我发现,游轮上有很多场所会给游客推销一些与健康相关的产品,其中就有一个地方提供私教服务。那里的人让我脱下鞋子,站在地板上的一块白色垫子上。我照他说的做了,原来这块垫子是一个压力盘,可以让我看到,在踩踏时,我是如何通过脚来分配支撑身体的重量的。他是一个推销员,他说我的脚部承重分配完全不平均。然后他继续告诉我矫正术的重要性,并向我展示了一个小垫片,我可以将其放在鞋里,它对我的姿势、身体平衡和跑步形体都会有所帮助。

直到此时,我都不太了解矫正术,我一直以为,它通常是针对"老人"的。因为我的成见和它的昂贵价格,我没有理会这个人的推销。

回到家后,我很快开始和一个跑步团队一起跑步,其中一个成员恰巧是一个足部治疗师。因此我向他询问了矫正术,以及我是否该做矫正治疗,另外三名跑步者迅速加入,宣扬矫正术的好处。结果,我发现自己是这个跑步团队里唯一没有接受足部矫正治疗的人。足部治疗师补充说,他已经接受矫正30多年。他列出了一系列矫正术的好处,当然也破除了游轮上训练师说过的一些关于矫正的"神话"。

在足部治疗师的帮助下,我接受了足部矫正治疗。在此过程中,我了解到我的保险包含了矫正费用和预约医生的费用。

我妻子得知了此情况后,也和一位足部治疗师预约见了面。这个治疗师做的第一件事,就是给她的足部拍摄了 X 光片。片上显示出了很多严重的问题,包括弯曲的跖骨、跖骨间的不正常间隙以及扁平足。看到自己的片子后,她询问医生,为何她会有这么多的问题。医生说,那是因为遗传和穿鞋习惯导致了脚部没有得到充足的支撑。足部治疗师继续说,她膝盖痛的根本原因来自她的双脚。她的腿部肌肉要承担本该由双脚承担的重量,导致膝部的筋腱开始变得松动。尽管护膝可以减轻跑步时的关节痛,但是无法解决根本问题。他补充道,如果她没有解决这些足部问题,她的腿部在以后还是会不断地出现其他问题。

她心中的阴霾由此被吹散。多年来,她饱受膝关节疼痛之苦,尝试了几乎所有方法来解决这个问题。她以为自己戴护膝就解决了问题,现在终于意识到,比关节问题更加本质的问题是她的双脚。如果她没有了解这些,她可能还只关注关节疼痛这个表面上的问题,因为那里会感觉痛,但她永远无法真正地面对和处理实质性的问题。

当她觉察到这一点后,她开始更有信心地来解决自己的膝关节疼痛,以及影响跑步的一些问题。她现在已经知道了问题的根源,并准备将其连根拔除。如果她未曾了解自己足部存在的问题,她就会在整个人生中遇到一大堆的其他问题。

心态的基本作用

正如脚是我妻子跑步的基本条件，心态也是我们在生活、工作和领导力方面取得成功的基本条件。

你是否在生活、工作或领导力上经历过痛苦或不安呢？这可能是因为不能事事顺遂。或者可能是因为，尽管事情本身是一件好事，你想要做得更好，但是没能按照自己的意愿和期望让自己取得进步。

此外，如果你在生活、工作或领导力方面经历过任何痛苦或不安，你是如何处理的呢？你是否关注到痛苦的根源呢？或者你是否尽力找到痛苦的根源，并就此解决呢？

如果我们持续无视自己的心态，那么我们将会误判自己的问题，只是解决表面上的问题，会使自己继续感到灰心丧气。

这就是艾伦的例子，我在整本书里都在讨论的一个非营利组织的总裁。他因为自己的员工以及他们工作的低效，而深感挫败，因此他极力想要解决这种痛苦。为了缓解他的沮丧情绪，他开始对员工进行事无巨细的管理。为了解决员工绩效水平低下的问题，他就解雇或逼迫他们离职。这些方法尽管在那一刻是有效果的，但是这让艾伦更加沮丧。他现在感觉，自己不得不更加严格地控制员工，并且要把大量的时间花在解雇老员工和培养新员工上，而不能推动自己组织的业务发展。

但是还有一件事艾伦没有做：思考这些问题的根源——他的心态。在他开始醒悟之前，他不可能停止这种恶性循环，否则会让自己的沮丧心情不断增长，更加减缓组织的发展进程。

组织的心态

如果我们无视自己的心态，就会让自己有一种挫败感，并且最终在个人层面限制自己的进步，在组织层面其实也会产生类似的后果。

想想那些最普遍的组织问题：

- 拙劣的领导力和管理不善。
- 无法有效地发起和引领变革。
- 缺乏包容性。
- 员工的士气消沉，工作效率低下。

这些问题的根源都是消极心态。

在我的咨询从业经历中，我到一些企业让他们的员工（大多数是团队的高层领导）参与我的心态评估测试，这样我们可以评估企业里的集体性心态。评估的结果可以帮助我迅速了解企业文化、企业员工普遍存在的焦虑和具备的优势。然后，通过讨论这些问题，我给企业做出诊断，具体识别导致他们普遍问题的根源，以及阻碍他们获得更大成功的障碍。相应地，我能够帮助他们从根本上解决问题，那就是提升一直让他们受到牵制的心态，解锁他们所追求的更大成功。

让我给你们举两个例子。

我有幸和一家《财富》排名第10的企业合作。他们找到我，是因为他们想要确保企业最高层中的130名领导在企业进行更大规模的合并前都拥有最佳心态。这个评估揭示了他们的优势和劣势领域。他们企业文化的优势在于，这个领导班子的心态都很开放。总体上看，57%的领导有强大的开放型心态，81%的人处在心态模型中的开放型心态那一侧，只有41%的领导有着封闭型心态。在将要合并的企业里，这种开放型心态将会有助于领导者为员工创造一个心理安全的环境。

而他们领导层的一个劣势是，42%的领导有固定型心态。也就是说，当面对一个挑战时，42%的领导会在心理上回避挑战，保护自己的个人形象，而不是把挑战看作一次学习、成长和进步的机会——这是一个明显的警示信号。但是，当知道了这是他们最大的心态问题后，他们就能就此着手做一些什么，因此我帮助他们制订了一些计划，培养他们的主动性，让他们的高层领导变得更具有成长型心态。

我有过一次和一个中型客户服务公司的40位高层领导合作的机会，他们的评估结果更不乐观。大约有50%的领导有固定型心态，48%的人有封闭型心态，66%的人有防御型心态，34%的人有内向型心态。

在讨论这些结果时，我们发现很多企业里都会有各种各样的恐惧情绪，大部分是恐惧失败。领导和员工都会担心，如果他们在客户那里犯了错，客户就会离开他们找其他公司合作。因此，企业领导大多会营造出一种担心失败的情绪。尽管他们担忧的初衷是好的，但是我能够帮助他们看到,这种担忧给企业内外都带来一些负面效应。从企业的内部来看,这意味着员工不敢犯错。这里蕴含着两个主要的负面意义:遏制了创造力和创新力;当有真正的错误和问题出现时,员工就会极力地掩饰它们,而不是让问题恰当地呈现出来并加以解决,避免再犯。从企业的外部来看,这意味着,尽管企业没有让客户不满意,但他们也没有让客户满意。没有问题出现并不代表客户就对企业满意。

此外,当我们对高层的 40 位领导进行调查时,我们发现,66% 的人至少有两种消极心态,29% 的人至少有 3 种消极心态,13% 的人有所有的 4 种消极心态。如果你要进入这家企业,你就不可能体会到有效的管理方式,因为这里绝大多数的企业领导所拥有的心态会阻碍企业的成功,打击员工的工作积极性,并且引发挫败情绪。把所有的结论统合在一起,可以看出,这里的企业文化是领导和员工更专注于自我保护而不是推动企业进步。

当比较这两种企业时,我很容易就能看出哪一家企业有更好的领导力和管理方式,能更有效地发起和引领企业的变革,更具包容性,有更高的员工士气和工作效率。

不管企业目前是否拥有更好的心态基础,评估每家企业领导者的集体心态都同样有价值。领导能够通过觉知自己的心态提升自我意识,确认让他们普遍感到痛苦、沮丧和整体疏于进步的根源,从而提高他们的自我意识,能够有信心和能力去解决自己的根本性问题。

觉知自己的心态

成千上万人已经做过了与此书相关的个人心态评估测试。我也已经发现，只有5%的人会不断地在实际行动中运用成功所必需的相关心态。

如果你是这剩余的95%中的一个，那么你的心态还有待提升，欢迎加入我们！我也在其中。我们的生活，我们所处的情境，以及我们朝着错误方向的竭尽全力，都让我们无意识地形成阻碍我们成功的心态。

不要觉得自己被打败了。拥有不尽理想的心态，这并不是我们自己的错。我们已经不知不觉地低估了心态的能量和重要性，并且缺少一种语言或参照帮助我们辨认自己当下的心态、找到最有助于成功的心态、走上更加光明和成功的道路。

每天醒来时，我对自己为提升心态付出的努力满怀希望，相信自己终将会有出乎意料的表现和成就。我希望，你也能有相同的感觉。我给予你们所有的希望：

- 我希望，通过阅读这本书，你已经知道心态在你的人生中扮演着基本且重要的角色。
- 我希望，你现在能够用一种语言和参照系，谈论和评估自己的心态。
- 我希望，你现在能够辨认出对成功最有助益的心态，以及通过这本书里所展示的例子和研究，你能看到书中所推行的4种成功心态的强大作用。
- 我希望，你能够看到每个成功心态的重要性。如果一种心态或者是某种心态的一部分消失了，那会怎样？你是否会感觉自己受到了很大的限制？
- 我希望，你已经能觉知自己的心态，以及它处于"消极—积极"的哪个位置上。
- 我希望，本书能给你提供一些指导，让你知道该如何提升自己的心态，以此在你的生活、工作和领导力方面解锁更大的成功。

最终，我希望，你们感觉到解脱和充满力量。如果我们意识不到心态在我们生活中起到的基本作用，以及我们所拥有的具体心态，我们就会被自己心态的消极一面奴役。既然你们已经觉知到自己的心态，我希望，你们有力量去打开一直束缚着你们的枷锁，让自己的内在得到升华。

在我人生的不同时间点，每一种心态的消极面，都对我产生过影响。当我经历自我觉醒的过程时，我感到自己无比自由和强大。尽管我的心态还不能一直处于理想的状态，但是我确定，今天我的心态是处在4种心态模型里积极的那一段。在我的心态得到提升前，我感觉获得进步的过程，就如同把汽车从泥地里推出来那样艰难。随着心态的不断提升，这个过程将会变得愈加顺畅。我感觉，自己如同一辆加满油的跑车，蓄势待发。

不管你当下的心态是怎样的，你已经遥遥领先于其他人。想想你有多少朋友、同事和家庭成员知道你现在对心态有所了解呢？基本上每个人都对自己的能量视而不见，更少的人知道他们需要在生活、工作和领导力上解锁更大成功所需要的心态。你不再需要于黑夜中摸索，希望你能够发现成功的秘诀。其实此时的你已经拥有秘诀。现在的问题是，你会用它们做些什么呢？

尽管我在这里结束了对心态的探索，但这并不是故事的结尾。真正的故事结尾是，你要对你所经历的觉醒和所获得的秘诀做些什么。如果你发展出了 4 种成功心态，还有什么是你不能做的呢？你几乎可以做任何事，问题是你是否愿意做？我希望你从此书中获得的一切，能让人们为你著书立传。

现在就去创造它。

成就成长型心态：相信你和他人都能改变自己的能力、禀赋和才智。

成就开放型心态：寻求真相和最好的思维方式。

成就进取型心态：拥有一个让你可以向前进发的明确目的和目标。

成就外向型心态：将其他人视为有巨大价值的人。

即刻出发，用你的崭新心态去改变世界吧！

附 录

心态评估测试题

以下观点,请在 1~7 之间选择适合你的选项级别。

选 1:最左边的选项,表示你最赞同此项描述

选 4:正中间的选项,表示你赞同两种选项的程度是一致的

选 7:最右边的选项,表示你最赞同此项描述

表 1

	1 2 3 4 5 6 7	
在工作中,我倾向于采取冒险行为,以获得成功	○○○○○○○	在工作中,我的注意力集中于如何避免失败上
对于相互矛盾的观点,我可以权衡利弊	○○○○○○○	对于相互矛盾的观点,我更愿意明确选择其中一个
我在工作或团队项目中,主要关注如何确保自己成功	○○○○○○○	我在工作或团队项目中,主要关注如何确保同事或团队成员的成功
虽然我不想承认,但是我不会改变自己根深蒂固的个性特征	○○○○○○○	我甚至可以改变我最基本的性格特质
我有十分明确的目标和志向	○○○○○○○	我没有十分明确的目标和志向
我太过于关注自己的目标,以至于不太关注重要同事的目标	○○○○○○○	我不会让我个人的目标妨碍重要同事的目标
我喜欢听到他人与我不一致的观点	○○○○○○○	我喜欢听到他人支持我的想法和观点

表2

	1 2 3 4 5 6 7	
我在工作中会把握机会，最大化自己的晋升目标	○ ○ ○ ○ ○ ○ ○	安全起见，我专注于正确无误地完成自己的工作
我不会改变太多自己的基本个人特点	○ ○ ○ ○ ○ ○ ○	不论现在的我是怎样的，未来的我可以做出巨大改变
面对批评时，我不会有防御行为	○ ○ ○ ○ ○ ○ ○	面对批评时，我通常会做出防御
如果让我去鼓动一群人，我通常会采取对我来说最为简单的方式	○ ○ ○ ○ ○ ○ ○	如果让我去鼓动一群人，我通常会采取最适合他们的方式
我每周的安排是为了帮助自己完成目标	○ ○ ○ ○ ○ ○ ○	我每周的安排是为了帮助自己履行职责
我是那种没有什么可以真正改变我的人	○ ○ ○ ○ ○ ○ ○	我可以从根本上彻底改变我自己

表3

	1 2 3 4 5 6 7	
总的来说，我认为人们都没有尽己所能	○ ○ ○ ○ ○ ○ ○	总的来说，我认为人们都在尽己所能
为了实现某个目标，我愿意违反机构的规范和程序	○ ○ ○ ○ ○ ○ ○	我坚守机构的规范和程序，以确保不辜负机构对自己的期望
我通常会寻求批评性的反馈意见	○ ○ ○ ○ ○ ○ ○	我很少会寻求批评性的反馈意见
我自身最重要的部分是无法改变的	○ ○ ○ ○ ○ ○ ○	我甚至可以改变自身最基本的特质
我愿意接受工作中可能遭遇的失败，如果我觉得它能促成我们目标的达成	○ ○ ○ ○ ○ ○ ○	我很小心地避免在工作中遭遇失败
我相信，我成功的程度决定了自己的价值	○ ○ ○ ○ ○ ○ ○	我相信，我帮助他人取得成功的程度决定了自己的价值

注：若需获取报告，请登录 http://www.ryangottfredson.com/successmindsets